MATHEMATISCH-PHYSIKALISCHE BIBLIOTHEK

Unter Mitwirkung von Fachgenossen herausgegeben von
Oberstud.-Dir. Dr. **W. Lietzmann** und Oberstudienrat Dr. **A. Witting**
Fast alle Bändchen enthalten zahlreiche Figuren. kl. 8.

Die Sammlung, die in einzeln käuflichen Bändchen in zwangloser Folge herausgegeben wird, bezweckt, allen denen, die Interesse an den mathematisch-physikalischen Wissenschaften haben, es in angenehmer Form zu ermöglichen, sich über das gemeinhin in den Schulen Gebotene hinaus zu belehren. Die Bändchen geben also teils eine Vertiefung solcher elementarer Probleme, die allgemeinere kulturelle Bedeutung oder besonderes wissenschaftliches Gewicht haben, teils sollen sie Dinge behandeln, die den Leser, ohne zu große Anforderungen an seine Kenntnisse zu stellen, in neue Gebiete der Mathematik und Physik einführen.

Bisher sind erschienen (1912/28):

Der Gegenstand der Mathematik im Lichte ihrer Entwicklung. Von H. Wieleitner. (Bd. 50)

Beispiele zur Geschichte der Mathematik. Von A. Witting und M. Gebhardt. I. Teil. [U. d. Pr. 1928.] II. Teil. 2. Aufl. (Bd. 82 u. 15)

Ziffern und Ziffernsysteme. Von E. Löffler. I. Die Zahlzeichen der alten Kulturvölker. 3. Aufl. [In Vorb. 1928.] II. Die Zahlzeichen im Mittelalter und in der Neuzeit. 2. Aufl. (Bd. 1 u. 34)

Der Begriff der Zahl in seiner logischen und historischen Entwicklung. Von H. Wieleitner. 3. Aufl. (Bd. 2)

Wie man einstens rechnete. Von E. Fettweis. (Bd. 49)

Archimedes. Von A. Czwalina. (Bd. 64)

Die 7 Rechnungsarten mit allgemeinen Zahlen. Von H. Wieleitner. 2. Aufl. (Bd. 7)

Abgekürzte Rechnung. Nebst einer Einführung in die Rechnung mit Logarithmen. Von A. Witting. (Bd. 47)

Interpolationsrechnung. Von B. Heyne. [In Vorb. 1928.] (Bd. 79)

Wahrscheinlichkeitsrechnung. Von O. Meißner. 2. Aufl. I. Grundlehren. II. Anwendungen. (Bd. 4 u. 33)

Korrelationsrechnung. Von F. Baur. (Bd. 75)

Die Determinanten. Von L. Peters. (Bd. 65)

Mengenlehre. Von K. Grelling. (Bd. 58)

Einführung in die Infinitesimalrechnung. Von A. Witting. 2. Aufl. I. Die Differentialrechnung. II. Die Integralrechnung. (Bd. 9 u. 41)

Gewöhnliche Differentialgleichungen. Von K. Fladt. (Bd. 72)

Unendliche Reihen. Von K. Fladt. (Bd. 61)

Kreisevolventen und ganze algebraische Funktionen. Von H. Onnen. (Bd. 51)

Konforme Abbildungen. Von E. Wicke. (Bd. 73)

Vektoranalysis. Von L. Peters. (Bd. 57)

Ebene Geometrie. Von B. Kerst. (Bd. 10)

Der pythagoreische Lehrsatz mit einem Ausblick auf das Fermatsche Problem. Von W. Lietzmann. 3. Aufl. (Bd. 3)

Der Goldene Schnitt. Von H. E. Timerding. 2. Aufl. (Bd. 32)

Einführung in die Trigonometrie. Von A. Witting. (Bd. 43)

Sphärische Trigonometrie. Kugelgeometrie in konstruktiver Behandlung. Von L. Balser. (Bd. 69)

Methoden zur Lösung geometrischer Aufgaben. Von B. Kerst. 2. Aufl. (Bd. 26)

Nichteuklidische Geometrie in der Kugelebene. Von W. Dieck. (Bd. 31)

Fortsetzung siehe 3. Umschlagseite

Springer Fachmedien Wiesbaden GmbH

MATHEMATISCH-PHYSIKALISCHE BIBLIOTHEK

HERAUSGEGEBEN VON **W. LIETZMANN** UND **A. WITTING**

====== 81 ======

EINFÜHRUNG IN DIE
KARTENLEHRE
(KARTENNETZE)

VON

L. BALSER
OBERSTUDIENRAT AN DER LIEBIG-OBERREALSCHULE
IN DARMSTADT

MIT 40 FIGUREN IM TEXT

1928
Springer Fachmedien Wiesbaden GmbH

ISBN 978-3-663-15472-3   ISBN 978-3-663-16044-1 (eBook)
DOI 10.1007/978-3-663-16044-1

> *SEINEM VEREHRTEN LEHRER UND FREUNDE*
> *HERRN GEH. HOFRAT PROF. DR. H. WIENER*
> *IN DANKBARKEIT GEWIDMET*
> *VOM VERFASSER*

VORWORT

Das vorliegende Bändchen beschränkt sich auf das, was dazu gehört, in das **Wesen der Kartennetze** einzudringen und die in den Schulatlanten verwendeten Entwürfe zu verstehen. Unmittelbar hervorgegangen aus dem **geometrischen Unterricht**, dem ja nach den „Richtlinien" die Kartenlehre zufällt, will es vor allem diesem dienen, um die mannigfachen Beziehungen zur Raumlehre, sphärischen Trigonometrie, analytischen und darstellenden Geometrie für den Unterricht, wie auch für die Arbeitsgemeinschaften nutzbar zu machen. Auch der **Geograph** legt auf anschauliche Darstellung Wert und wird schon deshalb Nutzen aus dem Heftchen ziehen. Es werden nur ganz elementare Kenntnisse vorausgesetzt, über die jeder Obersekundaner verfügen dürfte. Das hindert nicht, das „unendlich Kleine" (in Wahrheit Endliche) kurz zu streifen, einschließlich der „Indikatrix". Einige über diesen Rahmen hinausgehende Betrachtungen fanden in einem **Anhang** Platz, so besonders eine elementar-geometrische Ableitung des Gesetzes der „vergrößerten Breiten" für Merkators Seekarte. Dort ist auch ein **Modell** für das Studium der Netzmaschen beschrieben, das überdies zu Schattendemonstrationen dienen kann, um die stereographische und die gnomonische Projektion auf jede Berührebene zu verwirklichen.

Ein **Stichwortverzeichnis** soll dem Leser ermöglichen, sich in der großen Zahl von Fremdwörtern und zudem vielfach unverständlichen Ausdrücken zurecht zu finden, die in der Kartenlehre gebräuchlich sind. Herr Geheimrat Prof. Dr. H. Wiener hat mich ermutigt, entbehrliche **Fremdwörter auszuscheiden**; eine ganze Reihe von, wie mir scheint, treffenden Verdeutschungen verdanke ich ihm, so Fernbild, Nahbild, Abbildung durch Sehstrahlen u. a. Ich glaube, im Unterricht und an mir selbst die Erfahrung gemacht zu haben, daß die Bedeutung des deutschen Ausdrucks mit einer Unmittelbarkeit zum Bewußtsein kommt, die bei fremdsprachlicher Bezeichnung nie zu erreichen ist.

Darmstadt, Juli 1928.   L. Balser.

INHALT

I. Einleitung.

	Seite
1. Globus. — Entfernung und Winkel auf der Kugel	5
2. Die Aufgabe	8
3. Maßstab. — Gradnetz auf der Kugel	10
4. Trapez-, Rechteck- und Quadratkarte	11
5. Seemeile. — Abweitung. — Bogenmaß	12
6. Abplattung	16

II. Einige flächentreue Entwürfe.

7. Formel für die Fläche der Kugelzone	17
8. Die Kugelhaube	18
9. Geometrische Deutung. — ARCHIMEDES' windschiefer Entwurf	19
10. Bild der Kugelhaube. Sehnenentwurf	24
11. SANSONS Entwurf	25

III. Kegelentwürfe.

12. Wahrer Kegelentwurf	27
13. BONNES Entwurf	31

IV. Stereographische Projektion. — MERKATORS Seekarte.

14. Stereographische Projektion: Erklärung, Eigenschaften	31
15. Stereographische Projektion: Fortsetzung	34
16. Die Loxodrome und ihr stereographisches Bild	36
17. MERKATORS Seekarte	38

V. Sonderentwürfe: Gnomonische Projektion. — Polyederentwurf.

18. Gnomische Projektion	40
19. Polyederentwurf	41

Anhang.

20. MOLLWEIDES Entwurf	43
21. Indikatrix	45
22. Gleichung der logarithmischen Spirale und der Loxodrome	48
23. Nahbild aus der Kugelmitte. Konstruktion und Berechnung eines Beispiels, nämlich für die Breite $0°$	52
24. Berechnung von Scheitelentwürfen	53
25. Drahtmodell der nördlichen Halbkugel	55
26. Stichwortverzeichnis	58
27. Literatur	60

I. EINLEITUNG

1. Globus. — Entfernung und Winkel auf der Kugel.
(Fig. 1.) Die Erde weicht in ihrer Gestalt nur sehr wenig von einer Kugel ab; man stellt sie daher auf einer Kugel, dem „Globus" dar. Schneidet man eine Kugel mit einer Ebene[1]), so erhält man stets einen Kreis; auf diese Weise entstehen z. B. die „Mittagskreise" (Meridiankreise) durch den Schnitt mit den Mittagsebenen (Meridianebenen), die „Bahnkreise" (Parallelkreise) durch den Schnitt der Bahnkreisebenen (Parallelkreisebenen). Die Mittagsebenen enthalten die Kugelmitte, die für sie zugleich Kreismitte ist, und ihre Schnittkreise haben deshalb den Kugelhalbmesser zum Halbmesser; man nennt solche Kreise „Großkreise" zum Unterschied z. B. von den Bahnkreisen, die, abgesehen vom Äquator (Gleicher), einen kleineren Halbmesser haben. Die kürzeste Verbindung zweier Punkte auf der Kugelfläche, ihre „Entfernung" oder ihr „Abstand", ist der kleinere der beiden Bögen des durch sie hindurchgehenden Großkreises.[2]) Man kann dies veranschaulichen durch einen gespannten Faden, der ebenso wie ein gerader Papierstreifen sich auf der Kugelfläche stets in den Bogen eines Großkreises legt. (Will man z. B. zur Darstellung eines Bahnkreises — jedoch nicht des Äquators — ein Papierstreifchen auf eine Kugel aufkleben, so muß man ihm die Gestalt eines schmalen Kreisringes geben, der sich als Kegelstumpf an die Kugelfläche anschmiegt.)

Ein Winkel auf der Kugelfläche, z. B. der Winkel, den die am Kielwasser erkennbare Bahn eines Schiffes mit der Richtung nach Norden macht, ist streng genommen der Winkel zweier Geraden, die man sich als Tangenten je eines Großkreises vorstellen darf. Diese sind auch Berührende der Kugelfläche; sie stehen auf dem Kugelhalbmesser senkrecht und messen zugleich den Winkel der Großkreisebenen.

---

[1]) Man vergleiche hierzu BALSER, Sphärische Trigonometrie, Kugelgeometrie in konstruktiver Behandlung. Diese Bibl. Nr. 69, erster Abschnitt.

[2]) Beweis: BALSER, a. a. O., S. 51.

I. Einleitung

Fig. 1 zeigt zwei Kugeln mit gemeinsamer Mitte; die größere soll die Erde (sehr stark verkleinert), die kleinere den Globus darstellen.[1]) Bei dieser Anordnung liegt das Urbild auf der Erde und das Abbild auf dem Globus in ein und demselben Erdhalbmesser, zwei entsprechende Bögen haben denselben Mittelpunktswinkel und verhalten sich daher zueinander wie die Kugelhalbmesser. Da dieses für beliebige Entfernungen zutrifft, **haben je zwei Entfernungen auf dem Globus dasselbe Verhältnis zueinander wie auf der Erde.**

Aber auch die Winkel sind i. w. Gr. (in wahrer Größe) wiedergegeben, denn ihre Schenkel laufen parallel. **Jede Figur auf dem Globus ist daher ihrem Urbild auf der Erde ähnlich.**[2])

---

1) Die Verkleinerung, in der die Erdkugel durch einen Globus dargestellt wird, ist eine ganz gewaltige; ein Globus von 32 cm Durchmesser entspricht einem Maßstab von etwa 1 : 40 000 000, da die Länge der Erdachse rund $2 \cdot 6\,400\,000$ m beträgt. — Ein Bild, das die Erde und den Globus in ihrer gegenseitigen Lage veranschaulichen soll, kann die Größenverhältnisse auch nicht annähernd wiedergeben. Das Lotbild Fig. 1 zeigt zwei um dieselbe Mitte konstruierte Kugeln, deren Halbmesser sich wie 1 : 3 verhalten; hier sind also nicht nur Erde und Globus stark verkleinert, sondern zudem die Erde weit mehr als der Globus.

2) Die Ähnlichkeit im Raum wird festgelegt als Nahabbildung (vgl. Nr. 2.), derart, daß alle Sehstrahlen durch Ur- und Abbild in demselben Verhältnis geteilt werden. Die Verhältnisgleichheit gilt dann auch für Stücke einer Sehstrahlebene, in unserem Fall einer Großkreisebene. Durch Vertauschung der Innenglieder gelangen wir zu einer Verhältnisgleichung, die besagt, daß zwei Stücke des Abbilds sich zueinander verhalten wie die entsprechenden des Urbilds. Die Vertauschung liefert also nicht sowohl eine andere Form derselben Aussage, als vielmehr eine neue Aussage. — Das ist auf anderen Gebieten ebenso; Beispiel aus der Physik: Wir belasten eine Spiralfeder mit verschiedenen Gewichten $x_1, x_2, \ldots$ und beobachten die elastischen Verlängerungen $y_1, y_2, \ldots$; zunächst können wir nur solche Größen ins Verhältnis setzen, die mit demselben Maß gemessen werden; wir gelangen zu der Verhältnisgleichung $y_1 : y_2 = x_1 : x_2$. Um nun zwei Größen, die demselben Versuch angehören, in Verbindung zu bringen, vertauscht man die Innenglieder der Verhältnisgleichung und findet, daß die Maßzahlen von Verlängerung und Belastung einen festen Quotienten ergeben, nämlich $y_1 : x_1 = y_2 : x_2 = \cdots = y : x = c$; $y = c \cdot x$. (Bei umgekehrten Verhältnissen bildet man die Produktengleichung der Innen- und Außenglieder; vgl. auch Nr. 7.)

1. Globus — Ähnlichkeit im Raum

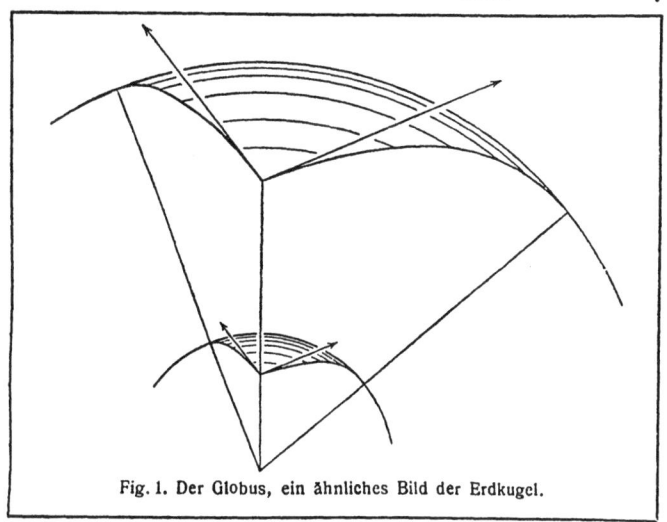

Fig. 1. Der Globus, ein ähnliches Bild der Erdkugel.

Ein **Flächenstück** auf dem Globus verhält sich zu seinem Urbild wie die Quadrate der Kugelhalbmesser. Zwei Länder haben daher auf dem **Globus dasselbe Flächenverhältnis wie auf der Erde**.[1])

Trotz dieser Vorzüge des Globus ist seine Anwendbarkeit beschränkt. Denn es ist unmöglich, für Bilder jeden, auch des größten Maßstabes Kugeln oder Teile von solchen bereit zu halten, zumal die Änderung des Maßstabs jedesmal den Übergang zu einer anderen Kugel nötig macht.

Man bedient sich daher ganz vorwiegend der „**Karten**", d. h. **ebener Bilder der Erd- und Himmelskugel**, denn diese können auf dem Reißbrett hergestellt werden. Streng genommen sind ja unsere käuflichen Globen nicht auf der

---

1) Bei zahlreichen astronomischen Untersuchungen bleiben die Entfernungen der Gestirne vom Beobachter (richtiger von der Erdmitte) außer Betracht. Man macht dann die vereinfachende Annahme, daß alle Gestirne auf derselben „Himmelskugel" lägen, deren Halbmesser natürlich ganz willkürlich ist. Obwohl nun zwischen Himmelskugel und Himmelsglobus Ähnlichkeit besteht, kann der Begriff des Maßstabes wegen der in Rede stehenden Willkür weder auf diesen noch auf Sternkarten Anwendung finden.

Kugel, sondern auf dem Reißbrett auf Papierstreifen gezeichnet und beim Aufkleben verzerrt.

2. Aufgaben der Kartennetze. Die einfachsten Bilder räumlicher Gegenstände sind vielleicht die **Schatten**, die die Sonne auf eine ebene Fläche — sie sei Bildtafel oder kürzer „Tafel" genannt — erzeugt. Sie entstehen durch gerade **Lichtstrahlen**, die untereinander parallel sind. Die Strahlen einer irdischen Lichtquelle laufen nicht parallel; wenn die Lichtquelle aber recht weit von der Tafel entfernt ist, so weicht das Schattenbild von dem durch die Sonne entworfenen Bild unmerklich ab. Im allgemeinen erzeugen wir ebene Bilder räumlicher Gegenstände mittels „**Sehstrahlen**", indem wir von einem festen Punkt, dem „**Auge**", Geraden nach den abzubildenden Punkten legen und sie mit der Tafel schneiden. Wir nennen ein so entstandenes Bild ein „**Nahbild**" zum Unterschied von einem durch parallele Sehstrahlen erzeugten „**Fernbild**", bei dem wir uns das Auge unendlich fern denken. Wird die Tafel von den Sehstrahlen senkrecht getroffen, so sprechen wir von einem „**Lotbild**", bei schiefem Einfallen der parallelen Sehstrahlen von einem „**Schrägbild**".[1])

Alle derartigen Bilder werden gewöhnlich „**Projektionen**" genannt; dieser Ausdruck ist aber doppeldeutig, weil er nicht nur auf das Bild, sondern auch auf das Abbildungsverfahren angewandt wird. Ganz abwegig ist es aber, von „**Kartenprojektionen**" zu sprechen, weil die Kartenbilder — diese sind nämlich gemeint — nur ganz ausnahmsweise auf die eben beschriebene Art mittels Sehstrahlen entstehen. Wir ersetzen daher das Wort „Kartenprojektionen" mit HAMMER[2]) durch „**Kartennetze**", weil es, wie wir gleich sehen werden, im wesentlichen auf die Wiedergabe des Gradnetzes ankommt.

Die Karten können als ebene Bilder der Kugeloberfläche **nie dem Urbild ähnlich sein**. Zum Beweis dieses grundlegenden Satzes denken wir uns auf der Kugel drei

---

1) Jede Ebene, die das Auge enthält, heißt „**Sehstrahlebene**"; ihr Schnitt mit der Tafel ist als Bild aller in der Sehstrahlebene liegenden Figuren zu betrachten. Für jede solche Figur entartet das Bild in eine Gerade. (Vgl. Nr. 15, 18, 23, 25).

2) HAMMER, Entwürfe geographischer Karten. (s. Lit.-Verz.).

2. Die Aufgabe — Verzerrungen

Punkte (Fig. 1); ihre kürzesten Abstände sind, wie oben erwähnt, Bögen von Großkreisen, in der Ebene aber Stücke von Geraden. Sollen also die Abstände auf der Kugel durch die kürzesten Verbindungslinien wiedergegeben werden, so muß dem Kugeldreieck ein ebenes Dreieck mit geradlinigen Seiten entsprechen. Das läßt sich sehr wohl erreichen, indem man die Kugel aus ihrer Mitte durch gerade Strahlen abbildet: Nahbild aus der Kugelmitte auf eine beliebige Ebene, etwa eine Berührebene (Nr. 18, Fig. 27, u. Nr. 23, Fig. 36). Nun ist die Winkelsumme in einem ebenen Dreieck stets 180^0, im Kugeldreieck aber veränderlich und immer größer als 180^0[1]); daher ist ein Bild der Kugelfläche, das die Großkreise als Geraden erscheinen läßt, mit Winkelverzerrungen behaftet. Denkt man sich z. B. ein Dreieck, dessen Grundlinie auf dem Äquator liegt, während seine Spitze in den Pol fällt, so sind die Winkel an der Grundlinie beide je 90^0, der Winkel an der Spitze aber beliebig: er kann recht, spitz oder stumpf sein. Man erkennt daraus die **Unmöglichkeit, die Kugel auf die Ebene ähnlich abzubilden.**

Alle unsere Karten zeigen mithin **Verzerrungen** indem im allgemeinen weder die Flächen noch die Winkel ihre Größe behalten. Die Abstände zweier Punkte sind (außer bei dem Nahbild aus der Kugelmitte) im allgemeinen nicht durch gerade Strecken wiedergegeben, sondern durch krumme Linien, so daß die Sehnen, durch die man zwei Punkte, z. B. einer krummlinig gezeichneten Mittagslinie verbinden kann, auf der Erde einen längeren Weg darstellen als die Bögen.

Da nun Ähnlichkeit nicht zu erzielen ist, ergibt sich die Frage nach den Eigenschaften, die sich erreichen lassen, und die für eine Karte wichtig sein können.

Will man sich eine Übersicht über die Größe der verschiedenen Länder verschaffen, so kommt es darauf an, eine **flächentreue** Karte zu konstruieren, auf der die einzelnen Länder dieselbe Größe haben, wie auf einem Globus von entsprechendem Halbmesser. Ohne auf den Globus zurückzugehen, kann man eine flächentreue Karte als eine solche erklären, bei der alle Länder **dasselbe Flächenverhältnis zueinander haben wie auf der Erde.** Die Flächen-

---

[1]) Beweis: BALSER, a. a. O., S. 9.

treue wird, wie oben bewiesen, durch Winkelverzerrungen erkauft (Nr. 9 ff., Fig. 8). — In anderen Fällen sind **winkeltreue Karten** nötig, d. h. solche, die alle Winkel in wahrer Größe wiedergeben; sie müssen Flächenverzerrungen aufweisen, so die in „Merkators Projektion" entworfenen Seekarten (Fig. 10, Nr. 9). Dieser winkeltreue Entwurf zeigt die Polarländer ungeheuer vergrößert gegenüber denen in der Nähe des Äquators. Diese Karte muß man sich zu einem Zylinder zusammengerollt denken; denn die Erde ist hier zunächst auf den längs des Äquators berührenden Zylinder entworfen, dann ist dieser Zylinder in die Ebene ausgebreitet, wie man sagt, „abgewickelt".

3. **Maßstab. — Gradnetz auf der Kugel.** Jede Karte gibt die Erde oder einen Teil derselben in verkleinertem Maßstab wieder; wir stellen uns deshalb zur Vereinfachung der Betrachtung die Aufgabe, nicht die Erde selbst, sondern einen Globus von passender Größe möglichst getreu auf ein ebenes Kartenblatt abzubilden (genaueres über den Maßstab Nr. 21). Dementsprechend verwenden wir die für den Erdhalbmesser übliche Bezeichnung R als solche für den Halbmesser unseres Globus.

Die Naturtreue der Abbildung beurteilt man am einfachsten, indem man das auf dem Globus eingezeichnete „Gradnetz" mit seinem ebenen Bild vergleicht (vgl. Anhang Nr. 25). Dabei werden die Mittags- und die Bahnkreise in gleichen Winkelabständen angenommen. Die Kugelfläche zerfällt durch die „Netzlinien" in „Netzmaschen", die innerhalb derselben Zone einander völlig gleichen, während sich Form und Größe ändert, wenn man vom Äquator polwärts wandert. Die Bögen der Mittagskreise sind überall die gleichen, die Bahnkreisbögen werden aber kleiner und kleiner, um am Pol ganz zu verschwinden. — Je zwei zum Äquator spiegelige Teile des Netzes lassen sich zur Deckung bringen.

Man hat bei Abbildungen, besonders auch im Raum, streng zwischen Deckgleichheit und Spiegelgleichheit (Stülpung) zu unterscheiden. So liefert die Spiegelung am Äquator kein deckgleiches Bild; nur dadurch, daß die einzelne Netzmasche in sich spiegelig ist, wird die Deckung zweier Maschen entgegengesetzt gleicher Breite ermöglicht, nämlich durch die Umwendung um einen in der Äquatorebene liegenden Kugeldurchmesser. Die beiden Maschen kommen aber unter Vertauschung von Ost und

West (und von Nord und Süd) zur Deckung. Der Umlaufsinn stimmt nicht, das Zeichen der Spiegelgleichheit. Die Spiegelung an dem Äquator führt jeden Punkt der Kugel in den Punkt über, der die gleiche Länge, aber entgegengesetzte Breite hat. Die Spiegelung an der Kugelmitte vertauscht je zwei Gegenpunkte, also solche, die entgegengesetzte Länge und Breite haben; punktspiegelige Figuren auf der Kugel sind nicht deckgleich, da der Sinn durch die Spiegelung umgekehrt wird. Dagegen liefert die Folge der beiden Spiegelungen an der Äquatorebene und an der Kugelmitte eine deckgleiche Abbildung, indem die zweimalige Umkehrung den ursprünglichen Sinn wieder herstellt. Die Folge beider Spiegelungen vertauscht die Längen, die Breite bleibt aber erhalten; die Folge ist nämlich die Umwendung um die Erdachse. —

4. Trapez-, Rechteck- und Quadratkarte. Denkt man sich das Gradnetz recht engmaschig gezogen, so daß die Bögen, die eine Masche begrenzen, von ihren Sehnen nicht mehr zu unterscheiden sind, so stellt sich jede Masche als ein gleichschenkliges Trapez dar. Man kann die Winkelabstände sogar so klein wählen, daß die Längen der benachbarten Bahnkreisbögen nicht mehr voneinander zu unterscheiden sind, und die Masche zum Rechteck, am Äquator zum Quadrat wird. Wandert man polwärts, so behalten die Rechtecke ihre Höhe bei, ihre Breite (von West nach Ost gemessen) wird aber kleiner und kleiner. Nun verhalten sich die Umfänge zweier Kreise wie ihre Halbmesser, und ebenso verhalten sich die zu gleichen Mittelpunktswinkeln gehörigen Bögen. Daraus folgt, daß sich die Breite eines solchen Rechtecks zur Höhe verhält wie der Halbmesser ϱ des betreffenden Bahnkreises zum Erdhalbmesser R; dieses Verhältnis ist aber (Fig. 15) $\varrho : R = \cos \varphi$, wo φ die geographische Breite bezeichnet. Da $\cos 48^0$ etwa 2/3 ist, kann man eine Kartenskizze von Süddeutschland (Fig. 2) in ein Netz von Rechtecken eintragen, deren Breite zwei Drittel der Höhe beträgt. Allerdings würde ein solches Netz nur für eine Karte von verschwindend geringer süd-nördlicher Ausdehnung statthaft sein; nur, weil man es bei einer Skizze so genau nicht nehmen darf, ist die Ausdehnung auf größere Breitenunterschiede gerechtfertigt. Denn je weiter man nach Norden geht, desto kleiner wird $\cos \varphi$; bei 60^0 beträgt er nur noch $\frac{1}{2}$, so daß in dieser Breite die Seiten der Rechtecke sich wie $1:2$ verhalten müßten. — Nichtsdestoweniger hat man

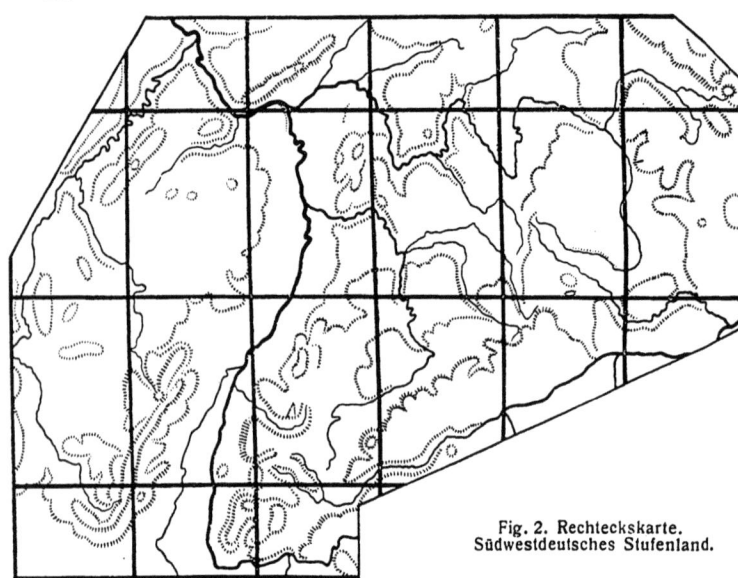

Fig. 2. Rechteckskarte.
Südwestdeutsches Stufenland.

sich früher trapezförmiger, rechteckiger und quadratischer Netze bedient, wovon später die Rede sein soll; hier handelt es sich nur darum, eine Vorstellung von der Größe und Gestalt der Netzmaschen zu gewinnen, indem man sie durch ebene Figuren ersetzt, was im „unendlich Kleinen" (vgl. auch Nr. 11 Anm.) statthaft ist.

Anm. Die Rechteckskarte denkt man sich auf einen Zylinder entworfen, der längs des mittleren Bahnkreises in die Kugel einschneidet.

5. Seemeile. — Abweitung. — Bogenmaß. Bei Festlegung des Maßstabes wird gewöhnlich nicht der Erdhalbmesser R zugrunde gelegt, sondern eine Entfernung auf der Erdoberfläche. Der Seemann benutzt als Einheit für seine Entfernungsmessungen die „Seemeile" (sm), d. i. der Bogen einer Bogenminute des Großkreises. Da das Meter der zehnmillionte Teil des Erdquadranten ist, erhält man für 90^0 einen Bogen von $10\,000\,000$ m $= 10\,000$ km, also für eine Bogenminute den Wert von $10\,000\,000 : 5400 = 1852$ m; das ist also die Länge einer Seemeile in Metern.

5. Seemeile — Abweitung

Daneben spielt für die Nautik die Länge von Bahnkreisbögen eine große Rolle. **Die in Seemeilen ausgedrückte Länge eines Bahnkreisbogens heißt in der Seemannssprache „Abweitung".** Legt man auf dem Äquator einen Weg von 60 sm zurück, so entspricht das einem Grad; segelt man dagegen unter der Breite von z. B. 60⁰ genau nach Osten, so ergibt die Abweitung von 60 sm einen Längenunterschied von 2⁰, weil einem Grad in dieser Breite nur ein Weg von 30 sm entspricht. Allgemein ist die

Abweitung je Minute in der Breite $\varphi = \cos \varphi$ sm.

Besteckrechnung. Der Seemann liest am Kompaß den „Kurs" ab, d. h. den Winkel α, den die Fahrtrichtung mit der Mittagslinie bildet; außerdem bestimmt er mittels der „Logge"[1]), wieviel Seemeilen das Schiff in der Stunde zurücklegt. Daraus berechnet er die Entfernung, die er seit der letzten Kursänderung zurückgelegt hat, die „gutgemachte Distanz" d. Um den neuen Schiffsort zu finden, muß man ermitteln, wieviel Bogenminuten das Fahrzeug in nördlicher, und wieviel in östlicher Richtung zurückgelegt hat. Zu diesem Zweck denkt man sich die Wasserfläche als eben, wodurch die Distanz d zu einer geraden Strecke, zu einem **Fahrstrahl** (Vektor) r wird. Dieser läßt sich dann nach dem „Dreieck der Wege"[2]) zerlegen. Der Fahrstrahl ist Hypotenuse eines rechtwinkligen Dreiecks, dessen Katheten in der Süd-Nord-, bzw. der West-Ostrichtung liegen. In der Geodäsie legt man die x-Achse nach Nord, die y-Achse nach Ost, so daß, abweichend von der in der Mathematik üblichen Zählweise, die Drehung mit dem Uhrzeiger als positiv gilt. Bezeichnet man

---

1) Die **Logge** besteht aus der „Loggleine", die in gleichen Abständen mit Knoten versehen ist und am Ende ein Brettchen trägt. Dieses ist mit Blei beschwert, so daß es, ins Wasser geworfen, in aufrechter Stellung schwimmt, gewissermaßen im Wasser feststeht, während das Schiff weiterfährt. Der Lotse beobachtet nun, wieviel Knoten ihm während der „Loggzeit" durch die Finger laufen. Diese Zahl gibt — so ist die Loggzeit bzw. die Entfernung der Knoten bemessen — die Anzahl der Seemeilen an, die das Schiff in der Stunde zurücklegt; ein Schiff „läuft 25 Knoten", heißt also, es legt in der Stunde 25 sm zurück.

2) Meist spricht man vom „**Parallelogramm**" der Wege, der Geschwindigkeiten, der Beschleunigungen und der Kräfte anstatt vom **Dreieck** oder **Vieleck**, obwohl weder bei der Herleitung noch bei der Konstruktion ein Parallelogramm benutzt wird; dieses enthält vielmehr nur den Beweis für die Vertauschbarkeit der „Summanden":

$$\mathfrak{r} + \mathfrak{\eta} = \mathfrak{\eta} + \mathfrak{r}.$$

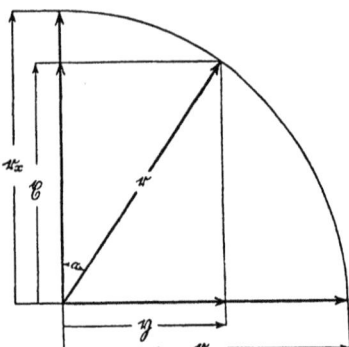

Fig. 3. $\mathfrak{x} = \cos \alpha \cdot \mathfrak{r}_x$; $\mathfrak{y} = \sin \alpha \cdot \mathfrak{r}_y$.

(Fig. 3) den in die x-Richtung gedrehten Fahrstrahl[1]) mit $\mathfrak{r}_x$, den in die y Richtung gedrehten mit $\mathfrak{r}_y$, die Lotbilder des Fahrstrahls auf die beiden Achsen aber mit $\mathfrak{x}$ und $\mathfrak{y}$, so gelten die Gleichungen:

$$\mathfrak{x} = \cos \alpha \cdot \mathfrak{r}_x, \quad \mathfrak{y} = \sin \alpha \cdot \mathfrak{r}_y,$$

und der Fahrstrahl $\mathfrak{r}$ erscheint als „geometrische Summe" der Fahrstrahlen $\mathfrak{x}$ und $\mathfrak{y}$:

$$\mathfrak{r} = \mathfrak{x} + \mathfrak{y}.$$

Da die Distanz d in Seemeilen ausgedrückt war, gilt dies auch für die berechneten Katheten. Die erstere liegt auf einem Großkreis, so daß die Anzahl der Seemeilen zugleich die Anzahl der Bogenminuten angibt. Die in der Richtung des Bahnkreises lie-

---

[1] Im Gegensatz zu den Fahrstrahlen (Vektoren) stehen die (reinen) Zahlen, wie wir sie z. B. in den trigonometrischen Funktionen kennen. — Das Verhältnis zweier Fahrstrahlen, die in derselben Geraden („Wirkungslinie") liegen, ist stets eine (positive oder negative) Zahl; umgekehrt geht ein Fahrstrahl durch Multiplikation mit einer reellen Zahl in einen Fahrstrahl über, der in derselben Geraden liegt. Es wäre deshalb falsch, wenn man den Kosinus und den Sinus etwa als das Verhältnis erklären wollte, in dem das Lotbild eines Fahrstrahls zu diesem selbst steht; falsch, weil beide nicht in derselben Geraden liegen. Die obigen Gleichungen enthalten dagegen eine einwandfreie Erklärung, die überdies auf Winkel aller Quadranten anwendbar ist. Frage: Was würde sich aus der oben beanstandeten Erklärung für cos 180° ergeben, wenn man bedenkt, daß in dem Augenblick, wo der veränderliche Winkel α den Wert 180° annimmt, das Lotbild mit dem Fahrstrahl zusammenfällt? Antw.: der falsche Wert $+1$ statt -1. Dieser logische Widerspruch läßt sich durch die „Vorschrift", daß der Fahrstrahl „absolut zu nehmen" sei, nicht beseitigen. Wollte man übrigens einen Fahrstrahl mittels einer Zahl festlegen, so müßte das eine komplexe Zahl, die wir vorhin nicht voraussetzten, sein: Darstellung der komplexen Zahlen nach Gauß durch die Punkte einer Ebene oder durch die Fahrstrahlen, die man aus dem (Koordinaten-) Ursprung nach diesen Punkten zieht. In dieser Auffassung sind die Halbmesser eines um den Ursprung beschriebenen Kreises nicht gleich, weil sie verschiedene Richtung haben. Ganz ähnlich ist ja auch die Geschwindigkeit eines Punktes, der einen Kreis mit fester Winkelgeschwindigkeit durchläuft, nicht fest, die Bewegung nicht gleichförmig; wäre sie es, so wäre die Beschleunigung Null! Vgl. z. B. Maxwell, Substanz

5. Fahrstrahlen — Bogenmaß 15

gende Kathete muß aber noch in Bogenminuten verwandelt werden, indem man sie durch cos φ dividiert. In der Breite von 60⁰ z. B. müßte man den in sm ausgedrückten Bahnkreisbogen mit 2 multiplizieren, um die in ost-westlicher Richtung gutgemachte Entfernung in Bogenminuten zu verwandeln. Schließlich hat man die errechneten Bogenminuten algebraisch zu addieren zu den für den Ausgangspunkt gültigen Werten, um die geographischen Koordinaten des neuen Schiffsortes zu erhalten. (Vgl. Nr. 17; ferner MÖLLER, dem der folgende Satz wörtlich entnommen ist.) — „Die Seekarten in MERKATORS Projektion zeigen an den Rändern eine Einteilung, meist in Bogenminuten; man kann dann an den seitlichen Rändern eine Seemeile abgreifen, natürlich nicht am oberen oder unteren Rand, weil dort die Bogenlänge des Bahnkreises auftritt."

Fahrstrahlen von gleicher Länge aber verschiedener Richtung sind oben durch die Bezeichnung unterschieden: r, r_x, r_y; diese grundsätzlich wichtige Unterscheidung habe ich in meiner „Sphär. Trigon." Nr. 32 unterdrückt. — Nach dem oben Gesagten könnte man die Erklärung des Kosinus und des Sinus etwa wie folgt fassen: Der Kosinus ist das Verhältnis des auf die x-Achse gelotetenen Fahrstrahls zu dem in die positive x-Achse gedrehten Fahrstrahl, der Sinus das Verhältnis des auf die y-Achse geloteten Fahrstrahls zu dem in die positive y-Achse gedrehten Fahrstrahl.

Durch die Rechnung nach Seemeilen spart der Seemann die Umrechnung eines Mittelpunktwinkels in den zugehörigen Bogen, die wir für unsere Betrachtungen nicht immer entbehren können. Im Kreis vom Halbmesser Eins gehört zu einem Winkel von α^0 ein Bogen von $\alpha^0 : (180^0 : \pi) = \alpha^0 : \varrho^0$ ($\varrho^0 = 57^0{,}29\,5780$; log $\varrho = 1{,}75\,8123$; BALSER, a. a. O., Nr. 4). Dieser Bogen (arcus) wird mit arc α bezeichnet; es ist mithin arc $\alpha = \alpha : \varrho$. Im Kreis vom Halbmesser R gehört zum Winkel α der Bogen $R \cdot$ arc α; wählt man aber den Halbmesser R zur Längeneinheit, so ist der in dieser Einheit ausgedrückte Bogen gleich arc α (BALSER a. a. O., Nr. 16). — Führt man an Stelle des Gradmaßes α unmittelbar das Bogenmaß $x =$ arc α in die trigonometrischen Funktionen ein, so erhält man z. B.

---

und Bewegung, deutsch von Fleischl, Braunschweig, 1881[2], Vieweg u. Sohn, S. 105, wo der Hodograph behandelt ist; ferner Wiener, Geometrische Ableitung der Additionssätze für Hyperbelfunktionen, Archiv d. Math. u. Phys. III. Reihe. XVII, S. 25. Dieser 1910 geschriebene Aufsatz enthält bereits die oben angegebenen Erklärungen des Kosinus und des Sinus. Über Vektoren vgl. auch Peters, Vektoranalysis, diese Bibl. Nr. 57, 1924[1].

für kleine Winkel die Gleichung sin $x \approx x$; sie besagt, daß der Sinus eines (im Bogenmaß gemessenen) kleinen Winkels x diesem Bogen x nahezu gleich sei.

6. Abplattung. Wir hatten seither die Erde als Kugel, die Mittagslinien als Kreise betrachtet; im Kreis gehören zu gleichen Mittelpunktswinkeln gleiche Bögen; der sogenannte „Mittagskreis" ist aber streng genommen kein Kreis, sondern eine Ellipse, deren kleine Achse $2b$ von der großen $2a$ allerdings nur sehr wenig abweicht, die Erde ist ein sogenanntes „Sphäroid". Die Abplattung, d. h. der Quotient $\frac{a-b}{a}$, hat den Wert von etwa $\frac{1}{300}$. Immerhin kommt bei Karten großen Maßstabs die elliptische Gestalt des „Mittagskreises" in Betracht. Daher muß die Erklärung der geographischen Breite auf diesen Umstand Rücksicht nehmen: man versteht (Fig. 4) unter der **geographischen Breite den Winkel, den die Scheitellinie mit der Äquatorebene bildet**; dieser Winkel ist aber gleich der **Polhöhe**, weshalb beide oft als identisch aufgefaßt werden. Fig. 4 zeigt die Einteilung des Ellipsenquadranten nach Breitenabständen von 30^0; man erhält die Einteilung (nach Zöppritz-Bludau I, S. 40) in folgender Weise: An Stelle des Winkels, den das Lot in dem Ellipsenpunkt mit der großen Achse der Ellipse bildet, trägt man den gleichen Winkel, den die Berührende mit der kleinen Achse einschließt, im Ende der kleinen Achse an. Den freien Winkelschenkel schneidet man mit der Ellipse und verbindet den Schnittpunkt mit dem Gegenscheitel. Die so erhaltene „Ergänzungssehne" gibt die Richtung des der Berührenden gepaarten Durchmessers (BALSER, a. a. O., Nr. 7). Der zu dieser Ergänzungssehne parallele Durchmesser schneidet also aus der Ellipse zwei Punkte der geforderten Breite aus. Der zu einem Grad gehörige Bogen ist am Äquator kleiner als am Pol (BALSER, a. a. O.,

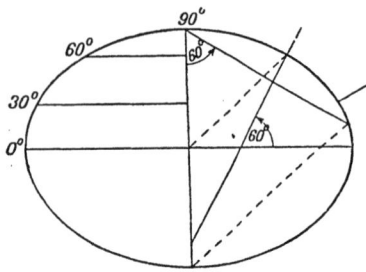

Fig. 4. Elliptischer Meridian: Geogr. Breite.

Nr. 35).¹) Bei der Lehre von den Kartennetzen nimmt man meist auf die elliptische Gestalt der Erde keine Rücksicht. In Fig. 4 beträgt die Abplattung etwa $\frac{1}{8}$.

II. EINIGE FLÄCHENTREUE ENTWÜRFE

7. Formel für die Fläche der Kugelzone.

Wir wenden uns nun einigen flächentreuen Entwürfen zu, die sich unmittelbar aus den Formeln für die Oberfläche der Kugel und ihrer Teile ergeben. Wir gehen aus von der Berechnung des Mantels eines geraden Kegelstumpfes. Dieser kann bekanntlich in einen Ausschnitt eines Kreisrings abgewickelt und dann als Trapez berechnet werden; man findet

$$M = 2\pi \cdot \tfrac{1}{2}(r + r') \cdot s,$$

wo s die Länge der Seitenlinie, r und r' die Halbmesser der begrenzenden Kreise sind. Die Formel gilt auch für die beiden Grenzfälle des Kegels ($r' = 0$) und des Zylinders ($r' = r$). Wir ersetzen (Fig. 5) die Stücke $r + r'$ durch die Höhe h und die Länge n der Flächennormalen, die in der Mitte der Seitenlinie errichtet ist, gemessen von dieser Mitte bis zum Schnitt mit der Achse des Drehkörpers. Wir betrachten zu diesem Zweck den Achsenschnitt, der bei der Drehung um die Achse den Drehkörper (die Drehfläche) erzeugt. Wir loten den oberen Grundkreis auf den unteren, ziehen die Normale n und die Mittellinie des Trapezes; letztere hat die Länge $r + r'$. Es entstehen zwei ähnliche rechtwinklige Dreiecke, die s bzw. n zur Hypotenuse und h bzw. $\tfrac{1}{2}(r + r')$ zu entsprechenden Katheten haben. Daher ist

$$h : s = \tfrac{1}{2}(r + r') : n = \cos \alpha,$$

wo α den Winkel bedeutet, den die Höhe mit der Seitenlinie macht. Aus der Verhältnisgleichung folgt die Produkten-

---

1) Die Länge eines Grades der Mittagsellipse in der Breite φ ist $l = \dfrac{a(1 - \varepsilon^2)}{\sqrt{1 - \varepsilon^2 \sin^2 \varphi}} \cdot m$; hier bedeutet ε die numerische Exzentrizität: $\varepsilon = \dfrac{e}{a}$, $e = \sqrt{a^2 - b^2}$, und es ist $m = \dfrac{\pi}{180^0}$ (GRETSCHEL, S. 42).

gleichung $h \cdot n = s \cdot \frac{1}{2}(r + r')$. Daher kann die Formel für den Mantel auch in der Form geschrieben werden:

$$M = 2\pi n h.$$

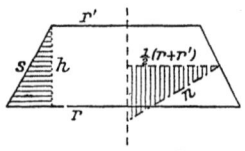

Fig. 5. $M = 2\pi \cdot R \cdot h$.

Diese Formel gilt ebenso wie die, von der wir ausgingen, auch für die Grenzfälle des Kegels und Zylinders.

Die Kugelzone ist ein Stück der Kugelfläche, das von zwei Bahnkreisen[1]) begrenzt wird. Wir teilen die Zone durch Bahnkreise in Streifen von so geringen Höhen $h', h'', \ldots$, daß die entstehenden Zonen als Mäntel von Kegelstümpfen betrachtet werden können. Die Normalen n dieser Zonen sind alle untereinander gleich, nämlich gleich dem Kugelhalbmesser R, ihre Flächen sind also der Reihe nach gleich

$$2\pi R \cdot h', \ 2\pi R \cdot h'', \ldots;$$

die ganze Zone mithin

$$Z = 2\pi R \cdot (h' + h'' + \cdots),$$

also
$$Z = 2\pi R \cdot h.$$

8. Kugelhaube. Diese Formel gilt auch für den Grenzfall, daß die Kugelzone zur **Kugelhaube** ausgedehnt wird, indem der obere Grenzkreis in den Pol zusammenschrumpft. — Wird die Kugelhaube zur Kugelfläche, indem auch der andere Grenzkreis in den Gegenpol zusammenschrumpft, so ergibt sich die Kugeloberfläche

$$K = 4\pi R^2.$$

Für die Fläche der Kugelhaube erhält man noch eine andere Formel, wenn man (Fig. 6) die Höhe der Haube durch deren Sehne s ausdrückt, diese gerechnet vom Pol bis zu einem Punkt des Bahnkreises. Zieht man nämlich im Achsenschnitt die Ergänzungssehne, die den Randpunkt mit dem Gegenpol verbindet, so erscheint s als Kathete eines rechtwinkligen

---

[1]) Der Anschaulichkeit halber sowie zur Vereinfachung des Ausdrucks bedienen wir uns der aus der Erdkunde geläufigen Vorstellungen; die Allgemeingültigkeit der Betrachtungen wird dadurch nicht beeinträchtigt.

8. Kugelhaube — 9. Archimedes windschiefer Entwurf 19

Dreiecks, das die Erdachse zur Hypotenuse und die Höhe der Zone zur entsprechenden Kathetenprojektion hat. Es ist daher $s^2 = 2R \cdot h$,

mithin die Fläche der Haube

$$H = \pi s^2.$$

9. Geometrische Deutung: Archimedes' windschiefer Entwurf. Die Formel für die Kugelzone $Z = 2\pi R \cdot h$ läßt eine einfache geometrische Deutung zu (Fig. 7): **Die Zone ist flächengleich dem Mantel eines Drehzylinders, der den Halbmesser der Kugel zum Halbmesser und die Höhe der Zone zur Höhe hat.** Die ganze Kugelfläche wird daher flächentreu auf den Mantel eines Zylinders abgebildet, der die Kugel längs des Äquators berührt und der den Durchmesser der Kugel zur Höhe hat. Schneidet man diesen Zylindermantel mit den Bahnkreisebenen, so zerfällt er in Streifen, die jedesmal den entsprechenden

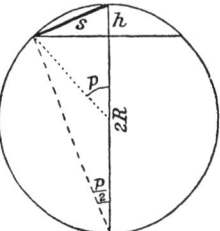

Fig. 6. $s^2 = 2R \cdot h$.

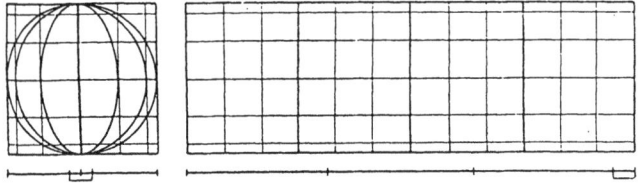

Fig. 7. Archimedes' windschiefer Entwurf.

Kugelzonen flächengleich sind. Schneidet man endlich auch die Mittagsebenen mit dem Zylinder, so zerfällt jeder Streifen in Rechtecke, die untereinander und mithin auch den Maschen der Kugel flächengleich sind. Die Abwickelung des Zylindermantels liefert ein ebenes flächentreues Bild der Kugelfläche.[1])

---

[1]) Um die Abwickelung zu erhalten, muß man den Umfang des Äquators $2\pi R$, also rund $3\tfrac{1}{7}$ des Durchmessers d, abtragen. Man verdreifacht den Durchmesser, nimmt dann nach dem Augenmaß $\tfrac{1}{7}$ des Durchmessers (etwas mehr als $\tfrac{1}{8}$) in den Spitzenzirkel und trägt die Strecke (n. H. WIENER) 4 mal (nicht 7 mal!) auf dem Durchmesser ab. Die 4. Teilstrecke muß dann durch die Mitte des Durchmessers halbiert werden. Ist aber die Zirkelöffnung um das

2*

II. Einige flächentreue Entwürfe

Dieses Verfahren war bereits ARCHIMEDES bekannt. Die Kugel wird hier nicht einheitlich (aus einem festen Auge) abgebildet, sondern jeder Bahnkreis aus seiner Mitte. Alle Sehstrahlen sind dem Äquator parallel, untereinander aber

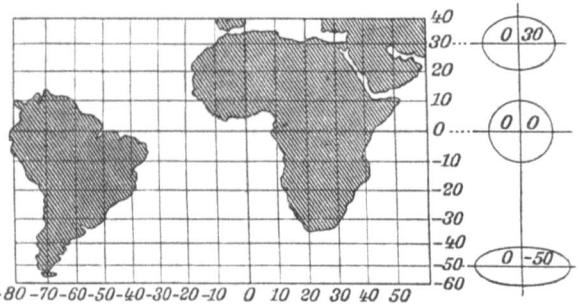

Fig. 8. Archimedes' windschiefer Entwurf, flächentreu.
(Afrika, Südamerika.)

im allgemeinen windschief. Das in Rede stehende Netz wird deshalb **Archimedischer windschiefer Entwurf** genannt.

Stück x zu groß geraten, so liegt zwischen dem dritten Teilpunkt und der Mitte der Strecke

$$\frac{1}{2}d - 3 \cdot \left(\frac{d}{7} + x\right) = \frac{d}{14} - 3x,$$

zwischen der Mitte und dem 4. Teilpunkt aber die Strecke

$$4\left(\frac{d}{7} + x\right) - \frac{1}{2}d = \frac{d}{14} + 4x.$$

Der Unterschied der beiden Teilstrecken beträgt somit $7x$, das 7fache des Fehlers. Man verändert also die Zirkelöffnung nach dem Augenmaß um $\frac{1}{7}$ des Unterschieds; so wird es meist schon bei dem zweiten Versuch gelingen, den Fehler unmerklich klein zu machen. — Oft ist es zweckmäßig, nicht $d \cdot \pi$ sondern $R \cdot \pi$ zu konstruieren. Man wird dann den Durchmesser um den Halbmesser verlängern und die Teilung vornehmen, wie oben beschrieben. Das Ende der 11. Teilstrecke bezeichnet den Endpunkt der gesuchten Strecke $R\pi$. — Verlängert man den Durchmesser um vier Siebentel, so erhält man $\frac{11}{7} \cdot d$ oder $\frac{1}{2}\pi d$, und man spart die Verdreifachung des Halbmessers.

Während in Fig. 7 die Abstände der Bahnkreisbilder unmittelbar der Kugel entnommen sind, wurde in Fig. 8 die Länge von 140 Graden des Äquators angenommen, daraus der Erdhalbmesser R berechnet und daraus wieder die Höhen $y = R \cdot \sin \varphi$ (wegen der Indikatrix siehe Anhang Nr. 21).

9. Abwicklung — Ausartung — Quadratische Plattkarte

Obwohl die Netzmaschen flächentreu abgebildet sind, gleichen die Rechtecke ihren Urbildern der Gestalt nach nur in der Nähe des Äquators, weichen aber nach den Polen hin

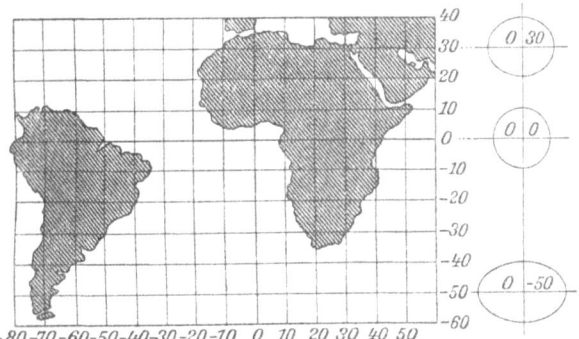

Fig. 9. Quadratische Plattkarte, vermittelnd. (Afrika, Südamerika.)

mehr und mehr von ihnen ab. Der Pol selbst ist sogar in eine Strecke auseinandergezogen; man spricht von einer **Ausartung** und sagt, der **Pol artet in eine Strecke aus**: der Pol hat unendlich viele Bilder, entsprechend der Tatsache, daß seine geographische Länge unendlich vieldeutig ist. Die Karte ist im Pol unbrauchbar, die Ausartung als solche ist aber von großer Bedeutung; sie zeigt, wie vorsichtig man mit mathematischen Schlüssen sein muß, zumal man von der Elementarmathematik auf „Ausartungen" nicht gefaßt ist.

Wir hatten oben die Netzmaschen mit Rechtecken verglichen und gefunden, daß diese bei gleichbleibender Höhe nach den Polen hin schmäler werden müssen. Bei Archimedes' Entwurf ist dieses aber gerade umgekehrt; die Breite (Abweitung für je einen Grad) ist überall dieselbe, die Höhe nimmt aber nach den Polen zu ab. Die Flächentreue ist also durch starke **Winkelverzerrungen** erkauft. Man erkennt das sofort, wenn man den Winkel betrachtet, den die Querlinie (Diagonale) der Masche mit der Mittagslinie auf der Kugel einerseits und im Kartenentwurf andererseits bildet. Dieser Winkel wird auf der Kugel nach den Polen hin kleiner, bei Archimedes' Entwurf aber größer.

Die **quadratische Plattkarte** (Fig. 9), entworfen auf den längs des Äquators berührenden Zylinder, läßt diesen Winkel stets als solchen von 45° erscheinen; sie ist also nicht winkeltreu, obwohl die Winkelverzerrungen nicht so bedeutend sind wie bei Archimedes (Fig. 8). Andererseits sind die Flächen zu groß dargestellt, denn Archimedes' Entwurf lehrt, daß bei gleichbleibender Breite die Rechtecke nach den Polen hin niedriger werden müßten, um Flächentreue zu ermöglichen. Die quadratische Plattkarte nimmt also eine mittlere Stellung zwischen einem flächentreuen (Fig. 8) und einem winkeltreuen Entwurf (Fig. 10) ein, da der letztere bei gleichbleibender Breite der Rechtecke die Höhen vergrößern müßte, so wie es der aus dem Atlas bekannte „Merkators Entwurf"

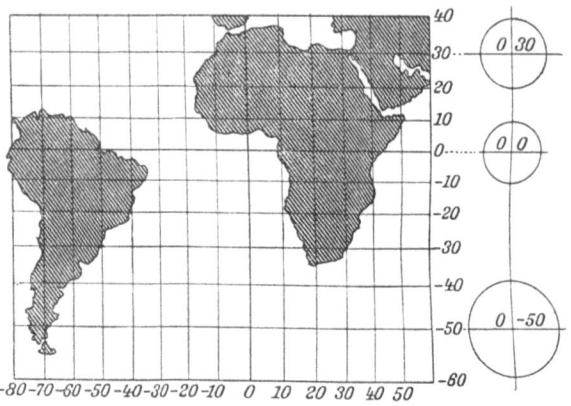

Fig. 10. Merkators Seekarte, winkeltreu. (Afrika, Südamerika.)

tut (Fig. 10 u. Nr. 17, 22). Man nennt deshalb solche Entwürfe, wie die quadratische Plattkarte, „**vermittelnd**"; sie spielen in der Kartenentwurfslehre eine große Rolle, weil es vielfach zweckmäßig ist, auf absolute Flächen- und Winkeltreue zu verzichten, um allzustarke Verzerrungen der einen oder anderen Art zu vermeiden.

Auch die **rechteckige Plattkarte**, von der oben (Nr. 4, Fig. 2) die Rede war, ist als ein vermittelnder Entwurf anzusprechen. —

Will man nach ARCHIMEDES eine Karte der **ganzen Erde** oder doch eines großen Teiles derselben entwerfen, so wird man zunächst den Globus im Lotbild darstellen (Balser a. a. O., Fig. 5), entworfen auf die Ebene eines Mittagskreises, den

9. Vermittelnder Entwurf — Rechnendes Verfahren 23

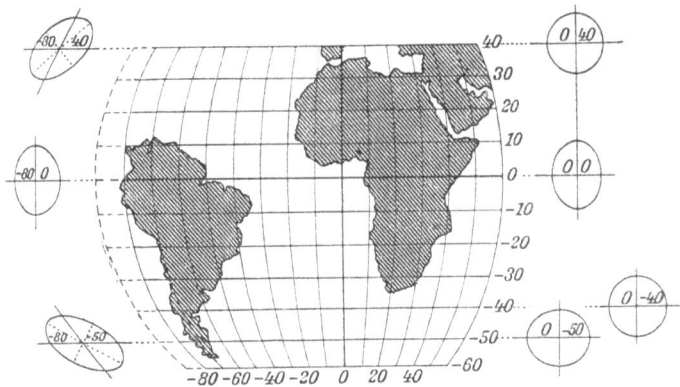

Fig. 11. Mollweides Entwurf, flächentreu. (Afrika, Südamerika.)

längs des Äquators berührenden Zylinder abwickeln und die Höhen der Zonen aus dem Lotbild entnehmen. Die in gleichen Abständen eingesetzten Erzeugenden des Zylinders vervollständigen die Einteilung in Rechtecke, die Bilder der Netzmaschen sind. Anders, wenn man eine Karte in größerem Maßstab herstellen soll: Dann läßt sich der Globus nicht mehr im Maßstab der Karte zeichnen, und man muß in diesem Fall rechnend vorgehen. Die Breite der Rechtecke beträgt je Grad $2\pi R : 360^0 = R : \varrho^0$. Die von dem Äquator aus gemessene Höhe h des Bahnkreisbildes für den φten Bahnkreis ist (Fig. 15) $h = R \cdot \sin \varphi$; soll der Äquator nicht

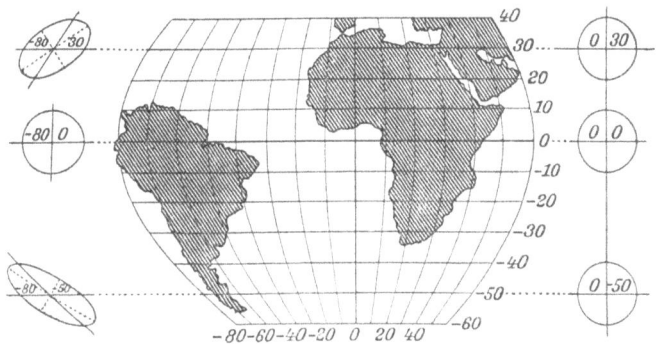

Fig. 12. Sansons Entwurf, flächentreu. (Afrika, Südamerika.)

auf die Karte kommen, so muß der Höhenunterschied y zweier
Bahnkreisbilder berechnet werden:

$$y = R \cdot (\sin \varphi_2 - \sin \varphi_1).$$

Aufg. Stelle so die Nordküste von Afrika im Maßstab 1:40 000 000
dar; 1° des Großkreises ist 111 km lang: daher (in km)

$$R = 111 \cdot 180 : \pi = 111 \cdot \varrho$$

(BALSER, a. a. O., Nr. 4).

In der Karte Fig. 8 ist die Länge der 140 Grade des Äquators
angenommen, daraus der Erdhalbmesser R (im Maßstab der Karte)
berechnet und daraus wieder die Höhen $h = R \cdot \sin \varphi$.

Anm. Neben den Kartenentwürfen auf einen die Kugel berührenden Zylinder kommen auch solche vor, die auf einen in die
Kugel einschneidenden Zylinder entworfen sind, wie unsere Rechteckskarte von Süddeutschland.

10. Bilder der Kugelhaube. Sehnenentwurf.

Oben war
die Formel für die Kugelhaube abgeleitet worden; sie
hat aber noch keine geometrische Deutung gefunden:
Die Kugelhaube ist flächengleich einem Kreis, der
die Sehne der Haube zum Halbmesser hat. Diesen
Kreis mag man sich in der Ebene denken, die im Pol berührt. Man kann hiernach die nördliche Halbkugel, oder wenn
man will, die ganze Kugel flächentreu abbilden (Fig. 13), indem
man dabei die Bahnkreise einträgt, teilt man die Karte flächentreu in Zonen ein. Auch hier braucht man nur die Berührebene mit den Mittagsebenen zu schneiden, um auch die
Netzmaschen flächentreu wiederzugeben. Am Pol stimmt das
Bild mit dem Urbild überein; je weiter man sich vom Pol
entfernt, desto größer werden die Verzerrungen. Besonders
in die Augen springen sie jenseits des Äquators: Die Bahnkreisbögen werden immer länger, die Mittagskreisbögen
immer kürzer. Zwei Maschen, die spiegelig zum Äquator liegen,
und die doch kongruent sind, werden in der Form völlig verschieden dargestellt, ein Beweis für die Verzerrungen. —
Der Gegenpol ist in einen Kreis auseinandergezogen, also
auch hier eine **Ausartung**. Diese Entwurfsart ist von dem
deutschen Mathematiker LAMBERT weiter ausgebaut worden
(vgl. Anhang Nr. 24); sie wird deshalb auch als Lamberts
flächentreuer Sehnenentwurf bezeichnet. Die Berechnung der Sehne — sie sei als Halbmesser des Bildkreises

10. Lamberts Sehnenentwurf — 11. Sansons Entwurf

mit r bezeichnet — für die Breite φ oder den Polabstand (in Graden) $p = 90 - \varphi$ ergibt (Fig. 6)

$$r = 2R \cdot \sin \tfrac{1}{2} p.$$

Vielleicht ist es aufgefallen, daß seither bei den stärksten Winkelverzerrungen die Netzlinien stets senkrecht aufeinander standen. Das war ein Zufall; wir werden gleich in den nächsten Nummern Entwürfe kennenlernen, bei denen schiefe Schnitte der Netzlinien vorkommen (Fig. 11, 12, 18). Jedenfalls darf man aus dem senkrechten Schnitt der Netzlinien nicht den Schluß ziehen, daß die Karte winkeltreu sei. So ist die Fernabbildung einer Ebene auf eine andere (Parallelprojektion) nicht winkeltreu; die senkrechten Durchmesserpaare des Kreises gehen ja in schiefe Durchmesserpaare der Bildellipse über, aber ein Paar, das die Achsen der Ellipse zum Bild hat, bleibt senkrecht (BALSER, a. a. O., Nr. 8).

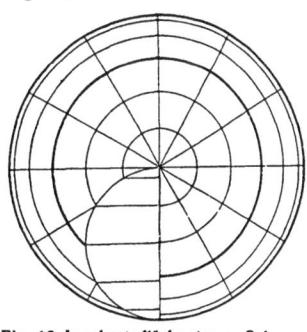

Fig. 13. Lamberts flächentreuer Sehnenentwurf auf die Berührebene im Pol.

11. Sansons Entwurf. (Fig. 12 u. 14.)[1]) In unseren Atlanten werden Äquatorialgegenden (z. B. Afrika) häufig in „Sansons Entwurf" dargestellt. Um ihn zu erhalten, wickle man in folgender Weise ab: den Äquator auf einer waagerechten Geraden, der „y-Achse", den mittleren Mittagskreis auf der die vorige Strecke senkrecht halbierenden Geraden, der „x-Achse",

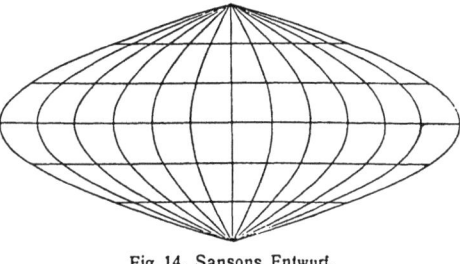

Fig. 14. Sansons Entwurf.

---

[1]) Streng genommen müßte man sagen „Merkator-Sanson", nicht aber „Flamsteed", wie man oft liest. Über MOLLWEIDES Entwurf (Fig. 11) siehe Anhang Nr. 20.

und zwar die nördliche Hälfte nach oben, die südliche nach unten. Die Bahnkreise werden auf Parallelen zur y-Achse abgewickelt und die Netzpunkte, die derselben Mittagslinie angehören, mittels des Kurvenlineals verbunden.

Der Netzpunkt mit den Koordinaten $\lambda|\varphi$ findet dabei sein Bild in einem Punkt mit den rechtwinkligen Koordinaten $x = R \cdot \operatorname{arc} \varphi$, $y = R \cdot \operatorname{arc} \lambda \cdot \cos \varphi$.[1]) Hieraus folgt durch Eliminieren von φ die Gleichung des Bildes der Mittagslinie, indem man den Winkel unter dem Kosinus durch den Bogen ersetzt: $y = R \cdot \operatorname{arc} \lambda \cos (x : R)$; hätte man $R = 1$ und $\operatorname{arc} \lambda = c$ gesetzt, so hätte man erhalten: $\boldsymbol{y = c \cdot \cos x}$. Hieraus folgt, daß die Mittagslinie auch als **Fernbild (affines Bild) der cos-Linie** konstruiert werden kann.[2]) Da das Bild nur bis zu $x = -\tfrac{1}{2}\pi$ und $x = +\tfrac{1}{2}\pi$ reicht und somit die cos-Linie abgebrochen wird, gleicht die Umgrenzung der Karte einer Spindel.

Flächentreue. Eine **Zone** von „unendlich kleiner Breite" kann als Mantel eines Kegelstumpfes betrachtet werden, der sich der Kugel anschmiegt. Bei der Berechnung des abgewickelten Mantels ersetzt man diesen in der Vorstellung durch ein Trapez, dessen Grundlinien die Umfänge der begrenzenden Bahnkreise, und dessen Höhe der durch sie begrenzte Mittagsbogen ist. Gerade ein solches Trapez konstruiert aber SANSON als Bild der Zone; daher ist diese flächentreu wiedergegeben. Überdies wird im Ur- wie im Abbild die ganze Fläche durch die Mittagslinien in gleiche Stücke zerlegt, und somit sind auch die **Maschen** flächentreu abgebildet: **die Karte ist flächentreu**; sie zeigt starke Verzerrungen und steht Mollweides Entwurf nach.

Die Karte wird als „**unecht zylinderisch**" bezeichnet; sie kann als Abwickelung eines die Kugel längs des Äquators berührenden Zylinders gedeutet werden, wobei jedoch die Bilder der Mittagskreise nicht rein geometrisch auf den Mantel übertragen sind. Der Ausdruck „unecht" zylindrisch wird von den Kartographen auf solche Zylinderentwürfe angewandt, deren Mittagslinien keine Geraden sind.

---

[1]) Die y-Koordinate stellt die „Abweitung" (Nr. 5) i. w. G. dar.
[2]) Vgl. Nr. 20.

11. Zylinderentwürfe — Indikatrix — 12. Kegelentwürfe

Die Karten 8—12 lassen einen Vergleich der verschiedenen Entwürfe zu; sie sind in gemeinsamem Maßstab entworfen. Über MOLLWEIDES Entwurf vgl. Anhang Nr. 20.

Anm. „Indikatrix".[1]) Um die Verzerrungen der Karte unmittelbar beurteilen zu können, denken wir uns um einzelne Netzpunkte kleine Kreise beschrieben, deren Bilder seitlich in derselben Breite eingezeichnet sind, allerdings in einem Maßstab, der, verglichen mit dem der Karte, außerordentlich groß ist. (Vgl. Anhang Nr. 21.) Diese Bilder sind nach TISSOT stets Ellipsen, im Sonderfall Kreise. An einer Stelle der Karte, meist in der Mitte, sieht man diese Kreise in wahrer Größe. Der Vergleich mit dieser Stelle zeigt die Verzerrungen unmittelbar. Ein solch kleiner Kreis bzw. sein Kartenbild, wird „Indikatrix" genannt; es handelt sich um ein Verzerrungsbild.

Der Mathematiker nennt die Kreise wohl „unendlich klein"; in Wahrheit sind ihre Halbmesser als endlich, aber als veränderlich und der Null zustrebend vorzustellen. Wie groß sie im Einzelfall zu denken sind, hängt von der Genauigkeit ab, die man einzuhalten wünscht, bzw. die man erreichen kann.

III. KEGELENTWÜRFE

12. Wahrer Kegelentwurf. (Fig. 15, 16, 17.) Die vorstehenden Entwürfe eigneten sich vorwiegend zur Darstellung von Gegenden in der Nähe des Äquators oder der Pole; soll eine Zone oder ein Teil einer solchen abgebildet werden, so kann man dem Umstand, daß die Mittagslinien nach den Polen hin sich einander nähern, Rechnung tragen, indem man die Karte auf den Mantel eines längs des mittleren Bahnkreises berührenden Drehkegels entwirft, „Kegelentwurf". Als Grundkreis des in der Breite φ berührenden Kegels gilt der Bahnkreis φ; sein Halbmesser ist (Fig. 15) $\varrho = R \cdot \cos \varphi$.

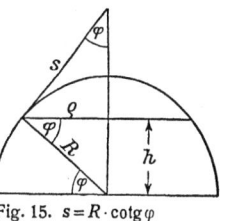

Fig. 15. $s = R \cdot \cotg \varphi$
$\varrho = R \cos \varphi = s \cdot \sin \varphi$
$h = R \cdot \sin \varphi$

Die durch diesen Bahnkreis und die in der verlängerten Erdachse gelegene Kegelspitze begrenzte Erzeugende hat die Länge $s = R \cdot \cotg \varphi = \varrho : \sin \varphi$. Nun ergibt die Abwickelung des Kegelmantels einen Kreisausschnitt aus einem Kreis von dem Halbmesser s; der den Kreisausschnitt begrenzende Bogen hat die Länge des Bahnkreises $2\pi\varrho = 2\pi R \cdot \cos \varphi$;

---

[1]) Vgl. auch Anhang Nr. 21.

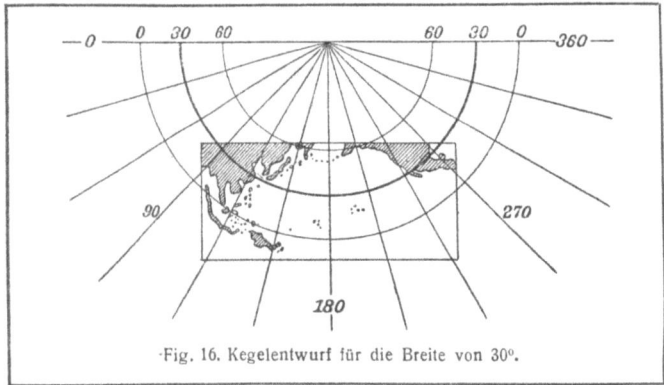

Fig. 16. Kegelentwurf für die Breite von 30°.

der Winkel γ des abgewickelten Mantels genügt der Verhältnisgleichung

$$\gamma^0 : 360^0 = 2\pi\varrho : 2\pi s = \sin \varphi.$$

Dieser Winkel $\gamma^0 = 360^0 \cdot \sin \varphi$ ist also gewissermaßen das Bild des Vollwinkels, wenn man sich auf den Standpunkt stellt, daß die den Kreisausschnitt begrenzenden Halbmesser aus der Abwickelung von zwei zusammenfallenden Kegelerzeugenden entstanden sind, deren Berührpunkte auf dem Bahnkreis um 360^0 auseinander liegen. Betrachtet man die Erzeugenden, in denen die Kegelfläche von den Mittagsebenen geschnitten wird, als Bilder der Mittagslinien, so schneiden sich diese in der Abwickelung unter Winkeln, die aus den Winkeln der Mittagslinien durch Multiplikation mit $\sin \varphi$ hervorgehen (Fig. 15). In der Breite von 30^0 sind diese Winkel also halb so groß wie die Winkel der Mittagslinien, so daß die Abwickelung einen Halbkreis liefert (Fig 16). — Hat man die Mittagslinien in den angenommenen Abständen eingesetzt, so kann man die Bahnkreise als konzentrische Kreise eintragen; das Gesetz, nach dem die Halbmesser der Bahnkreisbilder bestimmt werden, ist zunächst ganz willkürlich; man kann es so wählen, daß die Karte flächentreu, oder auch so, daß sie winkeltreu wird (22).[1]) Unsere Atlan-

---

[1]) Zuweilen entwirft man die Karte nicht auf den berührenden, sondern auf einen in die Kugel einschneidenden Kegel. Das hat den Vorteil, daß man den Winkel β der Kegelerzeugenden

12. Wahrer Kegelentwurf

ten pflegen die Mittagsbögen abzuwickeln, wodurch ein „vermittelnder" Entwurf entsteht. Ähnlich wie wir bei dem ARCHIMEDISCHEN windschiefen Entwurf verfuhren, können wir

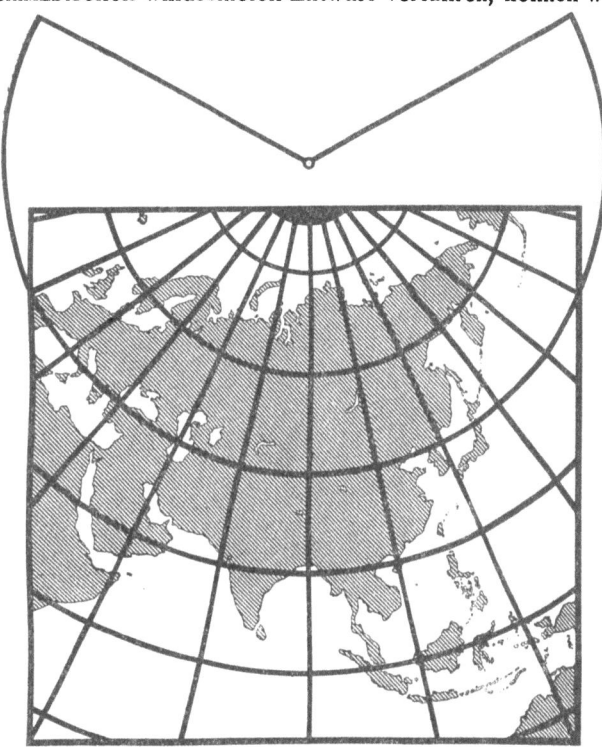

Fig. 17. Kegelentwurf für die Breite von 40°.

auch jetzt konstruktiv vorgehen und den Kegelmantel abwickeln, wobei wir die Erzeugenden über den Grundkreis

gegen die Erdachse willkürlich wählen kann; da aber $\sin \beta$ gleich dem Verhältnis des Winkels ist, unter dem die Mittagslinien im Kartenbild erscheinen, zu dem Winkel auf der Kugel, kann man über dieses Verhältnis willkürlich verfügen. Die Aufgabe wird dann rein analytisch gelöst. Für den Winkel γ des abgerollten Kegelmantels gilt dann die Beziehung $\gamma^0 : 360^0 = \sin \beta$, wo β den Winkel bedeutet, den die Kegelerzeugende mit der Erdachse einschließt. Mit $\sin \beta$ muß man also die Längenunterschiede multiplizierend, um die Bildwinkel zu erhalten (s. o.).

III. Kegelentwürfe

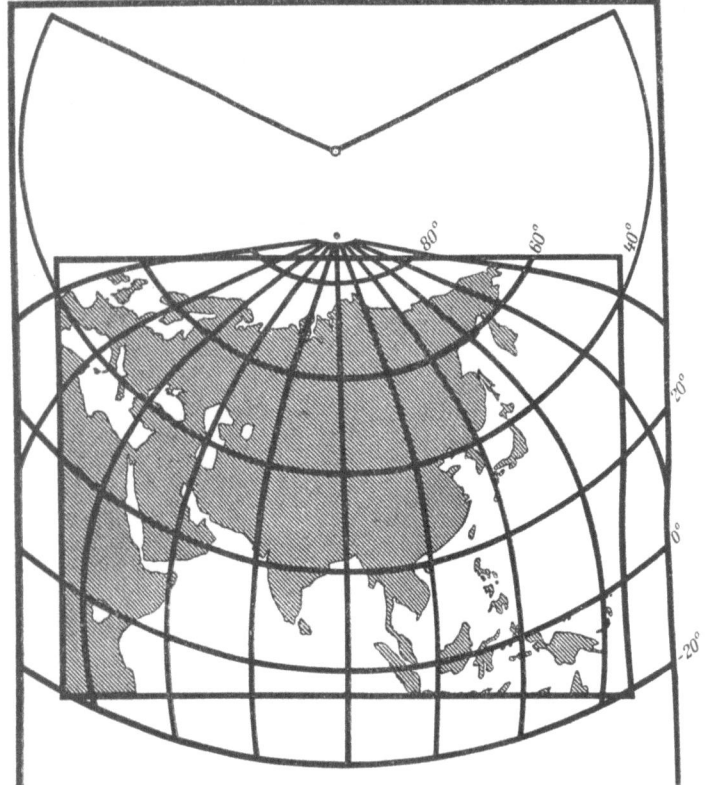

Fig. 18. Bonnes Entwurf.

hinaus verlängern und auf ihnen die Mittagsbögen aus dem Lotbild des Globus übertragen; der Winkel des abgerollten Mantels wird in gleiche Teile geteilt, entsprechend der Weite der Netzmaschen. Der Pol artet dabei in einen Kreisbogen aus; der durch diesen begrenzte Kreisausschnitt gehört nicht mehr zur Karte (in Fig. 17 schwarz angelegt).[1]

---

[1] Bei der „vereinfachten" (modifizierten) Kegelprojektion werden zwei Bahnkreise entsprechend der Abweitung geteilt, und die Teilpunkte gleicher Länge werden durch Geraden (die Bilder der Mittagskreise) verbunden; diese Geraden laufen aber dann nicht durch einen Punkt.

13. Bonnes Entwurf — 14. Stereographische Projektion

13. Bonnes Entwurf. (Fig. 18.) Mit Rücksicht auf die große Verbreitung, besonders in unseren Schulatlanten, mag der BONNEsche Entwurf kurz erörtert werden. Er unterscheidet sich von dem soeben besprochenen nur durch die Konstruktion der Mittagslinien. Es werden nämlich wie bei SANSON auf den Bahnkreisbildern die Bögen (Abweitung) in wahrer Größe abgetragen, und die Mittagslinien mit dem Kurvenlineal ausgezogen. Der Entwurf ist, wie der SANSONsche, flächentreu; der dort gegebene Beweis kann hier fast wörtlich wiederholt werden. Achte auf die starken Winkelverzerrungen, die schon an dem schiefen Schnitt der Netzlinien sich störend bemerkbar machen.

Anm. Der BONNEsche Entwurf wird als „unechter" Kegelentwurf oder als „unecht konisch" bezeichnet; die Bildfläche ist zwar eine Kegelfläche, die Bilder der Mittagslinien sind aber nicht, wie bei den „wahren" Kegelentwürfen, unmittelbar durch den Schnitt der Mittagsebenen mit der Bildfläche entstanden; dann wären sie Geraden. Ganz entsprechend bezeichnet man den Sonderfall des BONNEschen, den SANSONschen Entwurf, als „unechten Zylinderentwurf", während ARCHIMEDES' windschiefer Entwurf als „wahre Zylinderprojektion" gilt. (MOLLWEIDES Entwurf Fig. 11 ist dagegen kein Zylinderentwurf, obwohl er oft als unecht zylindrisch bezeichnet wird; vgl. Anhang 20.)

IV. STEREOGRAPHISCHE PROJEKTION. MERKATORS SEEKARTE

14. Stereographische Projektion: Erklärung, Eigenschaften. — Wir wenden uns nun winkeltreuen Entwürfen zu, und zwar zunächst der sogenannten stereographischen Projektion. Aus dem Südpol als Auge bilden wir die Erde auf die Berührebene des Nordpols ab (Fig. 19). Die Mittagsebenen sind Sehstrahlebenen, denn sie enthalten das Auge: den Südpol; sie bilden sich daher als Geraden ab (Nr. 2), nämlich als Schnitt des Büschels der Mittagsebenen mit der Berührebene im Nordpol. Die Mittagskreise schneiden sich daher im Bilde unter ihren wahren Winkeln. Die Bahnkreise, deren Ebenen der Tafel parallel sind, erscheinen als Kreise um das Bild des Pols als Mitte. Der Halbmesser ϱ des Bahnkreises für die Breite φ ist im Bilde $r = 2R \cdot \operatorname{tg} \frac{1}{2} p$, wo $p^0 = 90^0 - \varphi^0$ den Abstand vom Pol bedeutet (Fig. 19). —

Im allgemeinen versteht man unter stereographischer Projektion die Nahabbildung der Kugelfläche, entworfen

32 IV. Stereographische Projektion. Merkators Seekarte

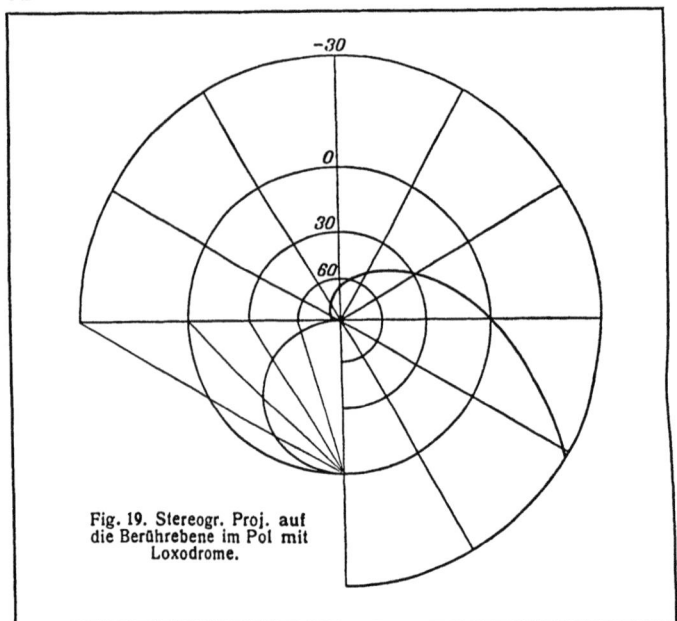

Fig. 19. Stereogr. Proj. auf die Berührebene im Pol mit Loxodrome.

aus einem ihrer Punkte auf die Berührebene des Gegenpunktes oder auf eine dieser parallele Ebene (Anh. Nr. 24. 25). Es ist klar, daß die Parallelverschiebung der Bildebene ein dem ursprünglichen ähnliches Bild ergibt, so daß wir die Tafel als Berührebene denken dürfen. — Bereits HIPPARCH (160—125 v. Chr.) hat die Nahabbildung aus dem Südpol auf den Äquator zur Darstellung des Himmelsgewölbes angewandt und ihre Verwendung den Geographen empfohlen. —

Satz. Die stereographische Projektion ist winkeltreu.

Beweis. Wählt man (Fig. 20) einen beliebigen Punkt A der Oberfläche als Auge, so handelt es sich um die Winkel, die in einem beliebigen Punkt P der Kugelfläche auftreten; sie werden eingeschlossen von den Tangenten, die man an die Kugel in dem Punkt P anlegen kann. Diese erfüllen die Berührebene Π in P. Legt man nun durch den Sehstrahl,

14. Stereographische Projektion – Winkeltreue – Kreisbild

der das Auge A mit dem Punkt P verbindet, das Ebenenbüschel, so schneidet dieses aus der Berührebene Π in P die abzubildenden Tangenten aus und aus der Tafel, nämlich der Berührebene Ω im Gegenpunkt O von A, die Bilder dieser Tangenten, die durch den Bildpunkt P' gehen. Legt man noch im Auge A ebenfalls die Berührebene A, so wird auch aus ihr ein Strahlenbüschel ausgeschnitten. Dieses Büschel ist nun dem in P kongruent, weil es durch Spiegelung an einer Durchmesserebene in dieses übergeht; es ist

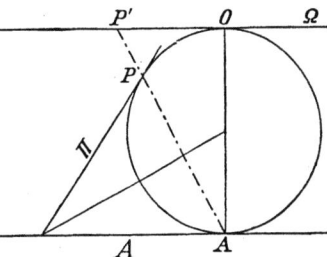

Fig. 20. Winkeltreue der stereogr. Projektion.

aber auch dem Büschel in der Tafel kongruent, in den es durch Parallelverschiebung in der Richtung des Sehstrahls übergeführt werden kann. Somit sind die Geradenbüschel in P und im Bildpunkt P' kongruent, die Karte ist also winkeltreu.[1,2])

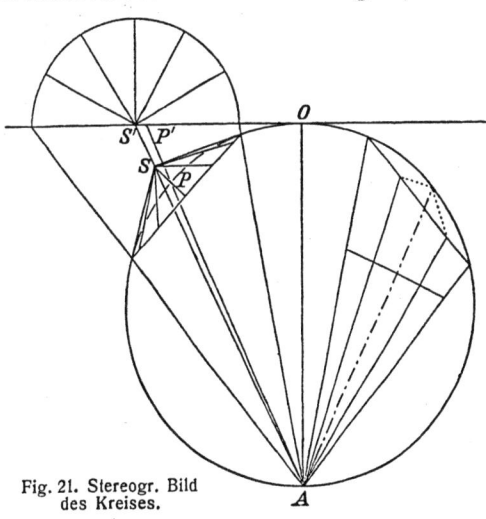

Fig. 21. Stereogr. Bild des Kreises.

Satz. Das stereographische Bild eines Kreises ist ein Kreis.

---

[1]) Die Winkeltreue ist von PTOLEMÄUS (150 v. Chr.) entdeckt worden.

[2]) Anm. Dieser von H. WIENER herrührende Beweis benutzt nicht die Gleichheit von Winkeln oder von Strecken sondern nur den Begriff der Abbildung.

Beweis. Denkt man sich (Fig. 21) den abzubildenden Kreis als Bahnkreis, so erfüllen die Tangenten, die man in den Schnittpunkten mit dem Bahnkreis an die Mittagskreise legen kann, den Mantel eines Drehkegels mit der Spitze S; ihre stereographischen Bilder sind also die Strahlen eines Büschels durch den Bildpunkt S' von S; das Bild eines Bahnkreises ist nun eine Kurve, die die Strahlen dieses Büschels senkrecht schneidet. Eine solche Kurve muß aber ein Kreis sein.[1]

15. Stereographische Projektion: Fortsetzung. Ein zweiter Beweis stützt sich auf die Tatsache, daß jeder schiefe Kegel außer den Kreisschnitten, die parallel zu dem Grundkreis sind, noch eine zweite Schar von Kreisen aufweist, die sogenannten „Wechselschnitte". Man erkennt dies aus den Spiegeleigenschaften des schiefen Kegels: Betrachten wir wieder unseren Sehstrahlenkegel, der einen Bahnkreis zum Grundkreis und das Auge A zur Spitze hat, und verbinden den Pol P mit der Kegelspitze A, so ist, wie bewiesen werden soll, diese Verbindungslinie eine **Spiegelachse** des Sehstrahlenkegels; dabei sei der Pol P innerhalb der Kegelfläche gewählt. Legt man durch den Sehstrahl AP eine beliebige Ebene, so schneidet diese den Kegel in zwei Erzeugenden, die Kugel aber in einem Kreis. Die beiden Kegelerzeugenden bilden mit dem Sehstrahl entgegengesetzt gleiche Winkel. Diese Winkel sind nämlich Umfangswinkel in dem Schnittkreis, den die Kugelfläche mit der betrachteten Sehstrahlebene gemein hat. Die zu diesen beiden Winkeln gehörigen Sehnen sind aber gleich, weil sie den Pol mit Punkten des Bahnkreises verbinden, die von den Polen gleichen sphärischen Abstand haben. Daher ist der Sehstrahl Spiegelachse für die Kegelfläche. Spiegelt man den Grundkreis an dem Sehstrahl, so geht der Kreis wieder in einen Kreis über, dessen Ebene aber der des Grundkreises nicht parallel ist. Diese Ebene bildet vielmehr mit dem Sehstrahl einen Winkel, der dem an der Grundfläche gelegenen Winkel entgegengesetzt gleich ist. Nun haben die Berühr-

---

[1] Daß konzentrische Kreise die einzigen Kurven sind, die die Strahlen eines Büschels senkrecht treffen, kann elementar nicht gezeigt werden. Der Beweis in Nr. 15 ist von diesem Schönheitsfehler frei.

15. Wechselschnitte — Elliptischer Kegel

ebenen im Auge A und im Pol P (welch letztere der Grundebene des Kegels parallel ist) diese Stellung zum Sehstrahl; daher gibt die Berührebene im Auge oder die zu ihr parallele Tafel die gesuchte Stellung der Wechselschnitte an, w. z. b. w.

Dieser Beweis geht zurück auf Spieker (Lehrbuch der Stereometrie, [1895[1]]), wo dem Kegel eine Kugel umgeschrieben wird. Daß die unten zur Veranschaulichung herangezogene Ellipse zum Beweis nicht nötig ist, tritt nur deshalb zurück, weil nicht ausdrücklich gesagt wird, daß die Kegelfläche zur „Mittellinie" spiegelig ist.

Um uns den schiefen Kegel besser vorstellen zu können, schneiden wir ihn ab durch eine Ebene, die senkrecht zu dem Sehstrahl AP steht.

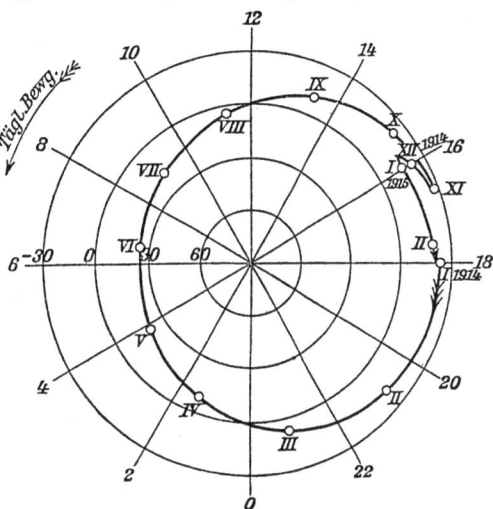

Fig. 22. Polarkarte, vermittelnd: Bahn der Venus.

Jede Sehstrahlebene schneidet dann auch diese Begrenzungsebene, so daß jedesmal ein Dreieck entsteht, das den Sehstrahl AP zur Höhe hat. Da die Höhe aber zugleich Winkelhalbierende ist, sind alle diese Dreiecke gleichschenklig (nicht aber untereinander kongruent); daher wird die Grundlinie eines jeden durch den Sehstrahl AP halbiert, d. h. die Kurve, in der die zu AP senkrechte Ebene von der Kegelfläche geschnitten wird, ist punktspiegelig. Ihrer Erzeugung zufolge ist es ein „Kegelschnitt", und zwar eine Ellipse, da keine Erzeugende der Schnittebene parallel sein kann; eine solche Erzeugende müßte auf AP senkrecht stehen und mit ihrer Gegenerzeugenden zusammenfallen, was nur dann möglich wäre, wenn die Kegelfläche in eine Ebene ausartete. Anders ausgedrückt: der Kegel kann als (gerader) elliptischer Kegel aufgefaßt werden. Der Sehstrahl ist also eine Spiegelachse (keine Drehachse).

Die Kreisschnittebenen haben auch gegen die elliptische Grundfläche entgegengesetzt gleiche Neigung.

36 IV. Stereographische Projektion. Merkators Seekarte

Vergleicht man die stereographische Projektion, z. B. auf die Berührebene im Pol, mit der früher besprochenen flächentreuen Abbildung durch die Sehnen der Kugelhauben, so erkennt man, daß jetzt die Flächen sehr stark auseinander gezogen sind, um so mehr, je weiter man sich von der Kartenmitte entfernt. Der Gegenpunkt der Kartenmitte ist ins Un-

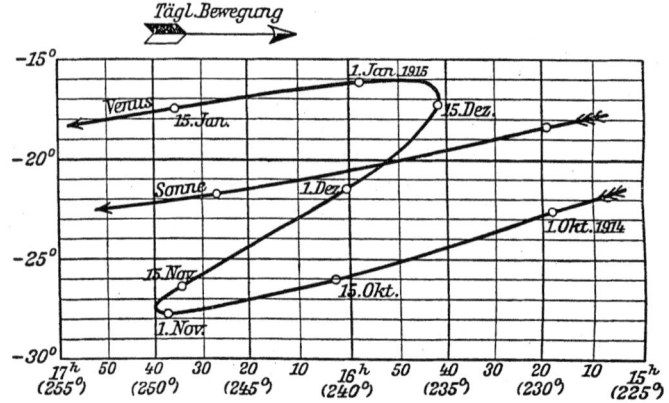

Fig. 23. Venus wird rückläufig: quadratische Plattkarte.

endliche gerückt; die Winkeltreue ist also durch starke Flächenverzerrungen erkauft, wie das ja nicht anders sein kann.

Eine Mittelstellung zwischen dem flächentreuen Sehnenentwurf und der winkeltreuen Polarkarte nimmt der Entwurf mit längentreuen Mittagslinien ein; vgl. Fig. 22, die den Lauf der Venus 1914/15 darstellt.

Die Bewegung der Wandelsterne erfolgt im allgemeinen entgegen der täglichen Bewegung des Himmelsgewölbes; im anderen Fall nennt man die Bewegung „rückläufig". Das Gestirn ist rückläufig vom 7. November bis zum 17. Dezember 1914. Das einem gespiegelten S gleichende Stück der Bahnkurve ist in einer Quadratkarte (Fig. 23), zusammen mit der Sonnenbahn dargestellt. Dabei sind die Deklination (Abweichung vom Äquator) im Gradmaß, die Winkel der Stundenkreise aber in Zeit angegeben: $1^h = 15^0$.

16. Die Loxodrome und ihr stereographisches Bild.

Der Seemann pflegt, besonders wenn er das Weltmeer auf einem Segler befährt, den „Kurs" zu halten, d. h. der Kiel des Schiffes bildet mit der Mittagslinie immer denselben Winkel,

16. Loxodrome — Logarithmische Spirale: Krümmung

der mit α bezeichnet werden möge. Die Linie, die diese Eigenschaft hat, ist für die Richtung nach Norden ($\alpha = 0^0$) oder nach Süden ($\alpha = 180^0$) die Mittagslinie, für die Richtung nach Ost oder West ($\alpha = 90^0$ bzw. 270^0) der Bahnkreis, im allgemeinen aber eine Spirale, die sogenannte „Loxodrome", die wir leicht in die stereographische Polarkarte einsetzen können, da dieser Entwurf winkeltreu ist. Wir erhalten als Bild eine Kurve, die alle Geraden eines Büschels unter demselben Winkel α schneidet, die sogenannte „logarithmische Spirale" für den Winkel α. Sie ist in Fig. 19 für den Winkel $\alpha = 45^0$ eingezeichnet. Man denke sich die Mittagslinien in gleichen, recht engen Winkelabständen eingetragen, so daß die Kurve durch ihre Sehnen (oder Tangenten) ersetzt wird. Dann bilden diese Sehnen mit den zugehörigen Mittagslinien Dreiecke, die untereinander ähnlich sind; daher ist das Verhältnis zweier aufeinanderfolgender Fahrstrahlen konstant, und von drei solchen Fahrstrahlen ist jedesmal der mittlere das geometrische Mittel zwischen den beiden äußeren. (Anhang Nr. 22.)

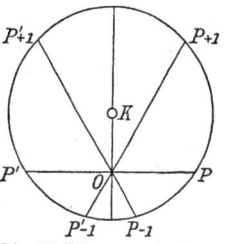

Fig. 24. Krümmung der log. Spirale: Beweisfigur.

Die genaue Konstruktion der logarithmischen Spirale kann sehr erleichtert werden durch Zuhilfenahme des Krümmungskreises. Wir finden ihn (n. H. WIENER) durch folgende Betrachtung: Im Inneren eines Kreises (Fig. 24) wähle man einen Punkt O, der als Pol einer logarithmischen Spirale ausersehen ist, verbinde ihn mit dem Mittelpunkt K, ziehe die zu diesem Durchmesser senkrechte Sehne PP' sowie zwei zu ihm spiegelige Sehnen

$$P_{-1}P'_{+1} \quad \text{und} \quad P_{+1}P'_{-1},$$

so gehören die auf einer Seite des Durchmessers liegenden Punkte P_{-1}, P, P_{+1} ein und derselben logarithmischen Spirale mit dem Pol O an. Denn die drei Fahrstrahlen aus O nach den drei Punkten bilden gleiche Winkel miteinander, und nach dem Sehnensatz besteht die Verhältnisgleichung

$$OP_{+1} : OP = OP : OP_{-1},$$

d. h. der mittlere Abschnitt ist das geometrische Mittel zwischen den beiden äußeren. Läßt man P_{-1} mit P zusammenfallen, so fällt auch P_{+1} nach P (Fig. 25), und man erhält den Krümmungskreis; seine Mitte K liegt dann auf dem zu OP senkrechten Fahrstrahl, außerdem auf der Normale der Tangente, wodurch die Krümmungsmitte bestimmt ist.

38 IV. Stereographische Projektion. Merkators Seekarte

Wir können zur Konstruktion des Bildes der Loxodrome den Krümmungskreis im Anfangspunkt bestimmen, ihn mit dem nächsten Fahrstrahl schneiden, usw.

Der Fahrstrahl OK geht aus dem Fahrstrahl OP dadurch hervor, daß man um 90^0 dreht und im Verhältnis $\cotg \alpha$ vergrößert. Die Evolute (Ort der Krümmungsmitten) der logarithmischen Spirale ist daher ebenfalls eine logarithmische Spirale.

Fig. 19 ist in der Weise konstruiert, daß die Längen der Fahrstrahlen nach Anhang Nr. 22 berechnet und die Krümmungskreise in den so gefundenen Punkten konstruiert wurden.

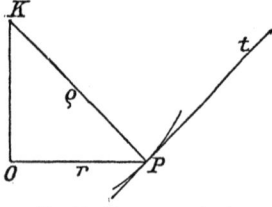

Fig. 25. Krümmung der log. Spirale: Konstruktion.

17. Merkators Seekarte. Dieser Entwurf (Fig. 10) ist aus der folgenden Aufgabe entstanden: Der Seemann, der auf der Loxodrome fährt, will diese vor Antritt der Reise zur Bestimmung des **Kurses** in seine Karte eintragen, indem er den Ausgangspunkt mit dem Ziel durch eine **gerade Linie** verbindet. Auch während der Fahrt trägt er die jeweils „gutgemachte Distanz", d. h. den zurückgelegten Weg, entsprechend dem an der Kompaßrose abgelesenen Kurs unmittelbar in die Karte ein und bestimmt so den Schiffsort. Er verlangt also, daß die **Loxodrome als Gerade erscheine**; damit sich der Kurs in wahrer Größe abbilde, ist **Winkeltreue** nötig. Alle Netzlinien müssen (als Loxodromen für die Winkel 0^0 und 90^0) Geraden sein, und sie müssen sich, wie auf der Kugel, unter rechten Winkeln schneiden. Es kann mithin nur ein Netz von Rechtecken in Betracht kommen. Indem MERKATOR seine Seekarte auf den längs des Äquators berührenden Zylinder entwarf, war die west-östliche Ausdehnung der Rechtecke ohne weiteres gegeben, und es handelte sich nur noch darum, die „vergrößerten Breiten" so zu bestimmen, daß die Forderung der Winkeltreue bei geradliniger Loxodrome erfüllt war.[1]

Um das Gesetz zu erkennen, gemäß dem die Breitenparallelen gelegt werden müssen, denken wir uns das Grad-

---

[1] MERKATOR, eigentlich GERHARD KRÄMER (1522—1594), hatte Vorläufer, so den Nürnberger Kompaßmacher ETZLAUB, der bereits 1511 eine Karte mit vergrößerten Breiten herausgab. Vielleicht haben beide aus einer dritten Quelle geschöpft, etwa NUNEZ (NONIUS). (Aus Eckert, II., S. 71 und 76.)

netz recht engmaschig, wie wir das zu Beginn unserer Betrachtungen (Nr. 4) getan haben; dann muß, wie oben festgestellt war, das Verhältnis der Breite (von West nach Ost) zur Höhe (von Süd nach Nord) gleich dem Kosinus der geographischen Breite gewählt werden, wenn das einzelne Rechteck seinem Urbild ähnlich sein soll, was natürlich nur im unendlich Kleinen erreichbar ist. Die süd-nördliche Ausdehnung der unendlich kleinen Rechtecke muß also gleich sein dem west-östlichen Bogen, multipliziert mit $1:\cos\varphi$ (immer im unendlich Kleinen). Der endliche Abstand y des Bahnkreisbildes für die geographische Breite φ ist nach Hermann Wagner, a. a. O. S. 189, ursprünglich höchst wahrscheinlich unmittelbar nach dieser Vorschrift berechnet worden als Summe vieler sehr kleiner Teile. Man hätte also zu bilden

$$\frac{1}{\cos 1^0} + \frac{1}{\cos 2^0} + \cdots,$$

oder besser

$$\frac{1}{\cos 1'} + \frac{1}{\cos 2'} + \cdots,$$

multipliziert mit der Bogenlänge eines Grades bzw. einer Minute. Dabei wird die Änderung des Kosinus innerhalb eines Grades, bzw. einer Minute vernachlässigt.

Der Maßstab ist natürlich in verschiedenen Breiten verschieden, wie wir das bereits bei der stereographischen Projektion gesehen haben.

Geht man von der stereographischen Projektion aus und setzt dort eine Loxodrome ein, etwa unter 45^0, so kann man aus diesem Bild MERKATORS Entwurf konstruieren: man merkt sich, in welcher Länge die 45^0-Loxodrome die einzelnen Bahnkreise trifft; dann kann man die betreffenden Mittagslinien in MERKATORS Entwurf eintragen und durch die Schnittpunkte mit der Loxodrome die gesuchten Bahnkreise legen.

Die Rechnung liefert die folgende Tafel:

Tafel der vergrößerten Breiten.[1]
In Graden des Äquators.

Breite	10	20	30	40	50	60	70	80	90
Höhe	10	20,4	31,5	43,7	57,9	75,5	99,4	135,6	∞

---

[1] Vgl. Anhang Nr. 22.

Bei 10° ist die Vergrößerung nur sehr klein; würde man die elliptische Gestalt der Mittagslinie berücksichtigen, so ergäbe sich sogar eine geringe Verkleinerung (9° 57′): vgl. Zöppritz-Bludau, S. 166.

V. SONDERENTWÜRFE: GNOMONISCHE PROJEKTION. POLYEDERENTWURF

18. „Gnomonische Projektion." Das Fahren auf festem Kurs ist für den Seemann das bequemste; es wird deshalb auch heute noch auf kürzeren Strecken angewandt. Bei längeren Fahrten aber würde der Umweg, den die Loxodrome darstellt, eine allzugroße Zeitverschwendung mit sich bringen, weshalb die großen Dampfer ebenso wie die Flugzeuge den Großkreis einzuschlagen pflegen. Soll eine weitere Reise auf größtem Kreis ausgeführt werden, so braucht man eine Karte, die alle Großkreise als Geraden erscheinen läßt. Es war bereits in Nr. 2 die Rede davon, daß diese Forderung durch das Nahbild aus der Kugelmitte, die sogenannte „gnomonische Projektion", erfüllt wird.[1] — Verbindet man auf einer solchen Karte Ausgangspunkt und Ziel durch eine Gerade, so findet man die Punkte, die man ansteuern muß; diese kann man dann in eine Merkatorkarte eintragen und so den Kurs für die einzelnen Teile der Fahrt festlegen, indem man kleine Bögen des Großkreises durch die Bögen der Loxodrome ersetzt. Es ist aber nötig, den Kurs immer wieder zu ändern, weil ein Großkreis die einzelnen Mittagslinien unter **verschiedenen Winkeln schneidet**. Unter den Mittagsebenen gibt es nämlich stets eine, die auf der in Betracht kommenden Großkreisebene senkrecht steht; sie geht durch die „Achse" des Großkreises (BALSER, a. a. O., Nr. 15 Anm.) und durch die Erdachse. In Fig. 26 ist diese Ebene senkrecht zur Tafel gestellt, so daß sie im Lotbild, auf eine Mittags-

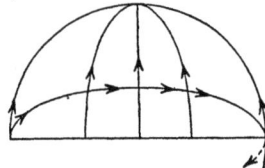

Fig. 26. Änderung des Kurses auf dem Großkreis.

---

[1] Jede Großkreisebene ist nämlich hier Sehstrahlebene, und diese bilden sich, wie wir bereits bei der stereographischen Projektion sahen, als Geraden ab (14).

ebene entworfen, als Gerade erscheint. Geht man von dem vorne liegenden Schnittpunkt des Großkreises mit der Mittagslinie um 90⁰ weiter, so gelangt man an den Umriß. Dieser wird von dem Großkreisbild berührt; der Winkel, unter dem Großkreis und Umrißmittagslinie sich schneiden, ist also nicht unmittelbar sichtbar, weil er in der senkrecht zur Tafel stehenden Berührebene liegt. Man erkennt aber, wie der Kurswinkel beim Übergang von einem Rande des Bildes zum anderen aus einem spitzen in einen stumpfen Winkel übergeht; in der vordersten Mittagslinie ist er ein Rechter.

Fig. 27 stellt das Nahbild aus der Kugelmitte dar, entworfen auf die Berührebene im Pol; dabei ist (Bezeichnungen wie früher)

$r = R \cdot \operatorname{tg} p.$

(Vgl. auch Anhang Nr. 23, 24 und 25.)

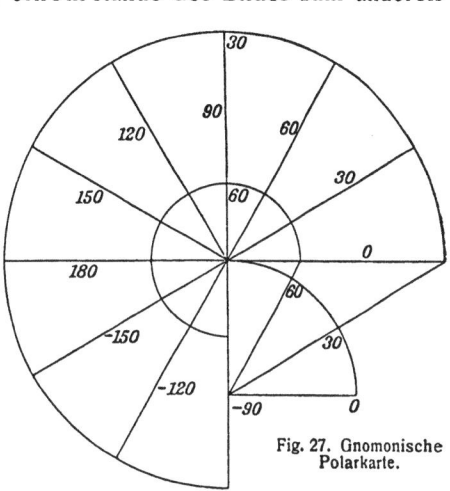

Fig. 27. Gnomonische Polarkarte.

19. Polyederentwurf. Die deutsche Generalstabskarte ist in einer besonderen Weise entworfen, der keine die Kugel berührende Fläche zugrunde liegt. Man verbindet nämlich die „Netzpunkte" durch Kugelsehnen und erhält so ebene Vielecke. Denn die Sehnen der Mittagsbögen, die durch dieselben Bahnkreise ausgeschnitten werden, treffen sich auf der verlängerten Erdachse, sie liegen also in einer Ebene, und diese Ebene schneidet die beiden parallelen Bahnkreisebenen in parallelen Geraden. Jedes Viereck ist demnach ein gleichschenkliges Trapez. Diese Trapeze bilden in ihrer Gesamtheit einen Vielflächner (ein Polyeder), der sich der Kugel um so mehr anschmiegt, je enger das Netz gelegt wird. Man nennt diesen Entwurf Preußischen Polyederentwurf. Unsere Generalstabskarte, im Maßstab 1:100000 ausgeführt, ist eine **Gradabteilungskarte**, d. h. ihre Ränder fallen mit Netzlinien zusammen. Das durch zwei aufeinanderfolgende ganzzahlige Netzlinien begrenzte Feld ist von West nach Ost in zwei, von Süd nach Nord in vier Teile geteilt (Fig. 28); die so ent-

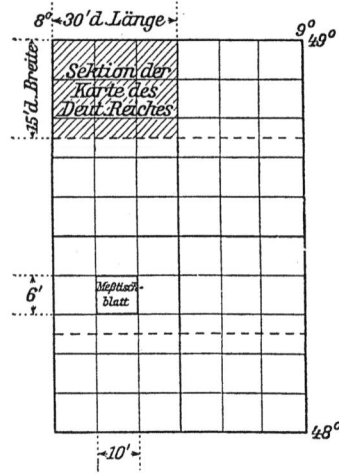
Fig. 28. Generalstabskarte: Einteilung.

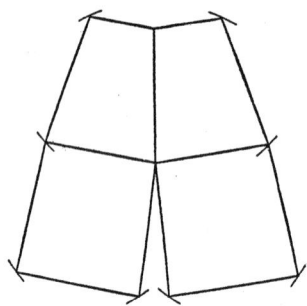
Fig. 29. Polyederprojektion.

stehende Fläche wird eine **Sektion** genannt; sie umfaßt 30′ der Länge und 15′ der Breite. **Die Eckpunkte einer Sektion sind die Ecken eines Polyeders**, auf dessen ebene Seiten die Erdoberfläche gelotet wird. Über die hier beschriebene Einteilung des Gradfeldes ist eine zweite gelagert, die von West nach Ost 10′, von Süd nach Nord 6′ umfaßt; die so gebildete Fläche wird in der Natur unmittelbar zeichnerisch aufgenommen auf ein **Meßtischblatt**. Die Meßtischblätter können als eben betrachtet werden. Sie sind im Maßstab 1:25000 aufgenommen.

Aufg. Stelle ein Polyeder von 30° Maschenweite her, indem du die Seitenlängen berechnest und konstruierst (Fig. 29 u. 30); wie groß ist der frei bleibende Winkel?

Anleitung zur Lösung (Fig. 30). Das Lotbild des Polyeders (ein Ausschnitt genügt), entworfen auf die

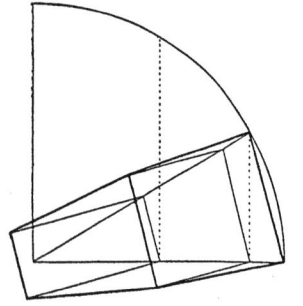
Fig. 30. Konstruktion der Trapeze.

19. Gradeinteilungskarte — 20. Mollweides Entwurf

Äquatorebene, zeigt die Sehnen der Bahnkreisbögen in wahrer Größe; um die Lotung vorzunehmen, klappe man den Mittagskreis in die Tafel herunter, wo er mit dem Bilde des Äquators zusammenfällt. Die Bilder der gesuchten Trapeze sind ebenfalls gleichschenklige Trapeze, deren Höhen man derart vergrößern muß, daß die Schenkel den Sehnen des Äquators gleich werden.

Aufg. Berechne auch die Seiten und Winkel einer Sektion und daraus den Winkel, der frei bleiben muß, wenn man vier Sektionen der Generalstabskarte aneinander legt.

Lösung: Der Winkel kommt nicht in Betracht, gegenüber den Verzerrungen, die durch den Eingang des Papiers entstehen.

ANHANG

20. Mollweides Entwurf, auch „Babinets homalographische Projektion" genannt (Fig. 11, 31 und 32). — Wendet man die flächentreue Abbildung der Kugelhaube in das Innere eines Kreises, der die Sehne der Haube zum Halbmesser hat, auf die östliche Halbkugel an, so erhält der begrenzende Mittagskreis im Bilde den Halbmesser $R \cdot \sqrt{2}$; der lotrechte Durchmesser kann als Bild der mittleren Mittagslinie, der waagerechte als das des Äquators betrachtet werden, ohne daß die Flächentreue verloren ginge. Will man ein Kugelzweieck abbilden, das durch die mittlere und eine beliebige weitere Mittagslinie begrenzt wird, so hat man den umschließenden Kreis fernbildlich zu verändern, mit der mittleren

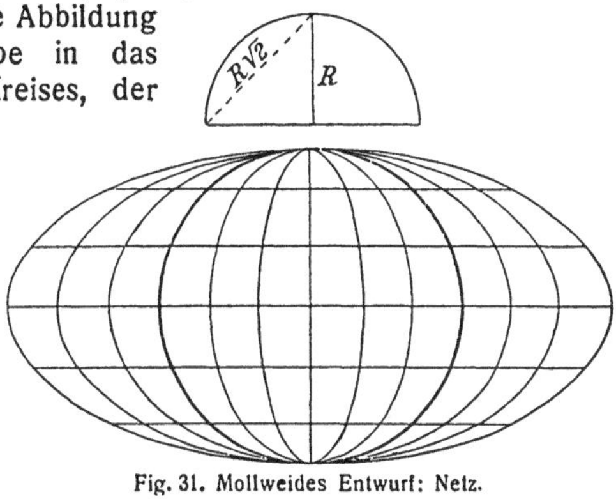

Fig. 31. Mollweides Entwurf: Netz.

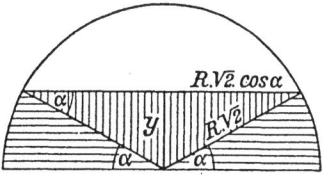

Fig. 32. Mollweides Entwurf: Gesetz der veränderten Breiten.

Mittagslinie als Spur.[1]) Auf diese Weise kann man die Mittagslinien, z. B. in Abständen von $30°$ einsetzen; dabei steht nichts im Wege, den Kreis fernbildlich zu einer Ellipse zu vergrößern, und so das Bild über die Halbkugel hinaus auf die ganze Kugelfläche auszudehnen. Die Ellipse, die dabei Bildgrenze wird, erhält zur kleinen Achse den Kreisdurchmesser, zur großen den doppelten Durchmesser.

Wünscht man auch die Bahnkreise einzusetzen, und zwar als parallele Geraden, so gehe man auf den Kreis vom Halbmesser $R \cdot \sqrt{2}$ zurück und mache den Kreisabschnitt, der durch die Bilder des Äquators und des Bahnkreises von der Breite φ begrenzt wird, gleich der halben Kugelzone, die dargestellt werden soll. Nun zerfällt (Fig. 32) dieser Kreisabschnitt in ein gleichschenkliges Dreieck und zwei kongruente Kreisausschnitte, deren Mittelpunktswinkel α so gewählt werden muß, daß Flächengleichheit besteht. Das gleich-

---

[1] Das Lotbild eines Kreises ist eine Ellipse (vgl. BALSER, a. a. O., S. 12ff.), nämlich der senkrechte Schnitt des schiefen Sehstrahlenzylinders mit der Tafel. — Wird ein gerader Sehstrahlenzylinder von der Tafel schief geschnitten, so erhält man ein Schrägbild des Kreises; auch dieses ist eine Ellipse. — In beiden Fällen kann man den Urkreis (oder sein Bild) innerhalb des Sehstrahlenzylinders parallel verschieben, derart, daß die Mitten von Ur- und Abbild zusammenfallen. Dann haben beide im ersten Fall die große, im zweiten die kleine Achse der Ellipse gemein. Dreht man in dieser Lage die Ellipse um die „Spur" — das ist die Schnittlinie von Ur- und Bildtafel —, so beschreibt jeder Punkt der Bildebene einen Kreis, der im Lotbild als Gerade erscheint, senkrecht zur Spur. In dem Augenblick, wo Ur- und Bildtafel zusammenfallen, liegen also Ur- und Abbild jedes Punktes in einer Geraden, senkrecht zur Spur. Wir haben hier ein Beispiel einer Fernabbildung innerhalb einer und derselben Ebene. Alle Sehstrahlen werden dann durch Abbild und Urbild in demselben Verhältnis geteilt; dieses Verhältnis der von der Spur aus gemessenen Sehstrahlenabschnitte ist beim Lotbild $\cos \alpha$, bei unserem Schrägbild $1 : \cos \alpha$, wo α den Winkel bedeutet, unter dem sich Bild- und Urtafel in ihrer ursprünglichen Lage schneiden.

Ebenso wie den Kreis kann man z. B. auch die Sinuslinie einer Fernabbildung innerhalb ihrer Ebene unterwerfen und erhält so Linien, wie wir sie bei SANSONS Entwurf als Bilder der Mittagslinien kennengelernt haben (vgl. Nr. 11).

schenklige Dreieck hat die Grundlinie $2R \cdot \sqrt{2} \cdot \cos \alpha$ und die Höhe $R \cdot \sqrt{2} \cdot \sin \alpha$; seine Fläche ist somit

$$2R^2 \cdot \sin \alpha \cdot \cos \alpha = R^2 \cdot \sin 2\alpha.$$

Die beiden Kreisausschnitte ergeben als Gesamtfläche

$$R \cdot \sqrt{2} \cdot \text{arc } \alpha \cdot R \cdot \sqrt{2} = 2R^2 \cdot \text{arc } \alpha;$$

dieses ist aber $R^2 \cdot \text{arc } 2\alpha$.[1]) Für die Fläche des Kreisabschnitts ergibt sich somit

$$R^2 \cdot \sin 2\alpha + R^2 \cdot \text{arc } 2\alpha.$$

Die halbe Kugelzone hat die Größe $\pi R \cdot R \cdot \sin \varphi$; soll Gleichheit bestehen, so muß der Winkel α der Gleichung genügen

$$f = \sin 2\alpha + \text{arc } 2\alpha - \pi \cdot \sin \varphi = 0.$$

Man löst diese Gleichung nach der „regula falsi" angenähert, indem man zwei Winkel 2α ausfindig macht, deren einer einen positiven und deren anderer einen negativen Wert der Funktion f erzeugt. Durch Einschalten findet man dann schnell eine genügende Annäherung an die Null. Die gesuchte Parallele ist schließlich in der Höhe $y = R \cdot \sqrt{2} \cdot \sin \alpha$ zu ziehen. Weil die Ellipsen durch Fernabbildung aus dem Kreis hervorgegangen sind, gilt die Flächentreue auch für die Ellipsenabschnitte, der Entwurf ist also flächentreu.

21. Indikatrix (vgl. Nr. 11). Tissot hat seinen Satz, nach dem das Kartenbild der Indikatrix eine Ellipse ist, nicht streng bewiesen und vor allem die Voraussetzungen nicht angegeben, auf die sein Beweis sich stützt.

Wir setzen voraus, das Gradnetz werde in ein ebenes Netz abgebildet, dessen Kurven in dem betrachteten Gebiet endlich und stetig verlaufen und stetig ineinander übergehen. Dasselbe soll von den Tangenten gelten. Die Eindeutigkeit der geographischen Koordinaten erfordert ferner, daß durch jeden Punkt eine und nur eine Kurve jeder Schar geht, wodurch z. B. der Pol aus der Betrachtung ausgeschieden wird. Schließlich setzen wir voraus, daß sich die Tangenten unendlich naher Bögen nur in endlicher Nähe der Berührpunkte schnei-

---

[1]) Diese selbstverständliche, aber oft übersehene Umformung erleichtert die Rechnung bedeutend.

den. — Unter diesen Voraussetzungen kann das Bild der **unendlich kleinen Masche**, ebenso wie diese selbst, als Parallelogramm betrachtet werden; weil diese Eigenschaft erhalten bleibt, wenn man die Masche beliebig verkleinert, erweist sich das **Kartenbild im unendlich Kleinen** als Fernbild, oder auch als ähnlich, insbesondere als kongruent. Die **Indikatrix** ist also eine **Ellipse**, im Sonderfall ein **Kreis**. So wird Tissots „Satz" zur Vorschrift, durch die unbrauchbare Entwürfe ausgeschlossen werden.

Bei dem **Pol** muß eine besondere Prüfung einsetzen. Für uns kommen nur das Nahbild aus einem Punkt der Kugelfläche auf die Berührebene im Gegenpunkt (stereographische Projektion) und das Nahbild aus der Kugelmitte (gnomonische Projektion) in Betracht; diese sind als Nahbilder, auch in dem etwa dargestellten Pol, zugleich Fernbilder im unendlich Kleinen.

Daß aber gerade im **Pol** „Ausartungen" recht häufig sind, zeigen zahlreiche Beispiele, so das **Fehlen eines endlichen Bildes** bei Merkators Karte und das Auftreten einer **Linie als Bild des Pols** bei Archimedes' windschiefem Entwurf. Projiziert man die Erde aus ihrer Mitte auf den Mantel eines längs eines Bahnkreises berührenden Kegels, so bildet sich der Pol in die Kegelspitze ab. Das Bild der Indikatrix auf der Kegelfläche ist zwar ein Kreis; bei der Abwicklung aber erscheint der **Pol als Scheitel eines Winkels**, innerhalb dessen die Karte liegt; die Indikatrix umschließt also den Pol nicht. Nur deshalb, weil die Abwicklung als transzendentes Verfahren[1]) die Ebene unendlich oft überdeckt (die Geographen wiederholen oft ein am Rande der Karte liegendes Stück, um den Zusammenhang mit der Umgebung hervortreten zu lassen), kommt schließlich ein Kreis zustande, der aber die Indikatrix mehrfach darstellt. In anderen Fällen, so bei Sansons Entwurf, treten am Pol Unstetigkeiten in der Tangente auf, und man ist gezwungen, die natürliche Fort-

---

1) Ebenso wie z. B. zur Zeichnung der Sinuslinie der Kreis auf der Geraden streng genommen unendlich oft abgewickelt werden muß, hat es auch bei der Abwicklung des (Zylinder- und) Kegelmantels zu geschehen, so daß die Ebene unendlich oft überdeckt wird. Das Abwickeln ist wie die Berechnung des Sinus ein „transzendentes" Verfahren.

21. Tissots Satz — Ausartungen — Maßstab

setzung der Netzlinien zu unterdrücken. Meist sind also die Kartennetze auf viel verwickeltere Weise entstanden, wie eine Abwicklung, die doch bereits transzendent ist und z. B. einen schiefen Schnitt des Kreiskegels als Wellenlinie erscheinen läßt.

Beispiele. Bei den Rechteckskarten sind die Bahnkreisbögen den entsprechenden Äquatorbögen gleich gemacht, obwohl sie zu diesen im Verhältnis $\cos \varphi : 1$ stehen; sie sind also mit $1 : \cos \varphi = \sec \varphi$ multipliziert. Bei MERKATORS Seekarte erfordert die Winkeltreue, daß auch die Mittagsbögen mit derselben Zahl multipliziert werden, während bei ARCHIMEDES' windschiefem Entwurf die Flächentreue dadurch erreicht wird, daß die Mittagsbögen mit $\cos \varphi$ multipliziert sind.

Die Achsen der Indikatrix sind demnach bei MERKATOR gleich lang, die Indikatrix ist ein Kreis vom Halbmesser $c \cdot \sec \varphi$. Bei der quadratischen Plattkarte sind sie $c \cdot \sec \varphi$ in west-östlicher Richtung und c in süd-nördlicher. Bei ARCHIMEDES' flächentreuem windschiefem Entwurf sind die Achsen $c \cdot \sec \varphi$ und $c \cdot \cos \varphi$.

Auf der Kugel haben alle Punkte der Indikatrix gleichen Abstand von dem Punkt, für den sie konstruiert sind; wenn sich der Indikatrix-Kreis in eine Ellipse abbildet, so erscheinen die in verschiedenen Richtungen gleichen Abstände verschieden groß, nämlich in der Richtung der großen Achse am größten, in der Richtung der kleinen am kleinsten, d. h. der Maßstab ist für einen und denselben Punkt in verschiedenen Richtungen verschieden. Nur auf winkeltreuen Karten muß die Indikatrix alle ihre Halbmesser senkrecht treffen, also ein Kreis um diesen Punkt als Mitte sein, die Karte ist „ähnlich in kleinsten Teilen"; auch die Indikatrix bildet sich ähnlich ab.

Aufg. Konstruiere das Bild der Indikatrix a) für die quadratische Plattkarte aus dem Urkreis (dieser ist bei fester Süd-Nordlinie fernbildlich zu vergrößern), b) aus dieser Ellipse das Bild für den ARCHIMEDischen windschiefen Entwurf (die erhaltene Ellipse ist bei fester West-Ostlinie fernbildlich zu verkleinern), c) aus demselben das Bild für MERKATORS Entwurf (die Ellipse ist bei fester West-Ostlinie fernbildlich [in den Kreis] zu vergrößern), d) dasselbe Bild unmittelbar aus dem Urkreis (Kreis ähnlich vergrößern). — Wähle die Breiten

$$\varphi = 60° \;(\cos \varphi = \tfrac{1}{2}) \text{ und } \varphi = 48° \;(\cos \varphi = \tfrac{2}{3}).$$

Vgl. auch Nr. 20, Anm. 1.

Bei flächentreuen Karten muß die Ellipse dem Urkreis auf der Kugel flächengleich sein; mithin muß $\pi c^2 = \pi ab$ sein, wenn man den Halbmesser der Indikatrix mit c, die Halbachsen des Bildes mit a und b bezeichnet. Aus $c^2 = a \cdot b$ und $a > b$ folgt $a > \dfrac{c}{c}$, und $b < c$. Die Form $\dfrac{a}{c} \cdot \dfrac{b}{c} = 1$ besagt, daß bei einer flächentreuen Karte die Maßstäbe in den beiden Achsenrichtungen einander reziprok sind.

Aufg. Berechne die Halbachsen der Indikatrix für die Polarkarte a) für den flächentreuen Sehnenentwurf, b) für die stereographische Projektion, c) für die vermittelnde Karte, die durch Abwickeln der Polabstände entsteht. Der Halbmesser c kann gleich Eins gesetzt werden.

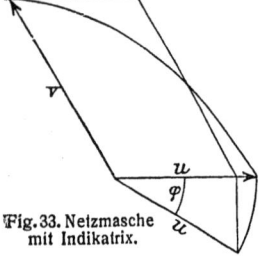

Fig. 33. Netzmasche mit Indikatrix.

Schneiden sich die Netzlinien unter schiefen Winkeln, so sind sie doch die Träger gepaarter (konjugierter) Durchmesser (Fig. 33); man braucht daher nur den Bahnkreisbogen mit $\sec \varphi$ zu multiplizieren (graphisch), um aus einem Durchmesserpaar die Achsen zu finden (vgl. z. B. Scheffers-Kramer, II, Art. 41). Bei flächentreuen Karten genügt es, den Urkreis, der sich an einer Stelle der Karte (meist in der Mitte) zeigt, in eine Ellipse zu „verwandeln".

Aufg. Suche die Indikatrix für Sansons flächentreuen Entwurf.

Daß die eben durchgeführte Betrachtung der Indikatrix nur eine Annäherung darstellt, erkennt man z. B. daraus, daß bei Archimedes' windschiefem Entwurf der Maßstab auf jeder Halbkugel polwärts abnimmt, also aus einem Punkt nach Nord und nach Süd verschieden ist, was die Indikatrix nicht zum Ausdruck bringt. So ist bei der stereographischen Projektion zwar das Bild eines Kreises (also auch die Indikatrix) stets ein Kreis, die Kreismitte ist aber nicht das Bild der Mitte des Urkreises, dieses liegt vielmehr exzentrisch; im unendlich Kleinen wird der Unterschied allerdings vernachlässigt.

22. Gleichung der logarithmischen Spirale und der Loxodrome. Für die in V 16 behandelte logarithmische Spirale, das stereographische Bild der Loxodrome, kann

21. Indikatrix — Logarithmische Spirale

das konstante Verhältnis zweier aufeinanderfolgender Fahrstrahlen (Fig. 34) $q = r_{k+1} : r_k$ aus dem Sinussatz der ebenen Trigonometrie berechnet werden:

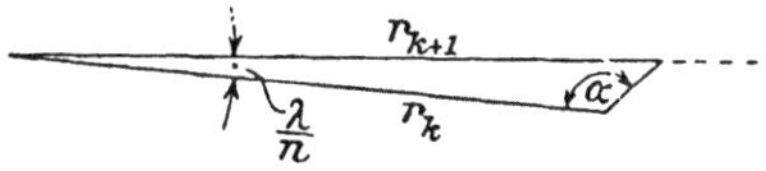

$$q = \sin \alpha : \sin\left(\alpha + \frac{\lambda}{n}\right),$$

Fig. 34. Gleichung der logarithmischen Spirale.

wo α den Winkel bedeutet, den die Spirale mit den Mittagslinien bildet, λ den Winkel zwischen dem Fahrstrahl r und dem Bild r_0 der nullten Mittagslinie; n ist die Anzahl der Teile, in die man den Winkel λ geteilt hat. Wir entwickeln $\sin\left(\alpha + \frac{\lambda}{n}\right)$ und heben durch $\sin \alpha$; dann folgt

$$q = 1 : \left(\cos \frac{\lambda}{n} + \sin \frac{\lambda}{n} \cdot \cotg \alpha\right).$$

Nun darf man sich die Zahl n so groß denken, daß (unter Vernachlässigung höherer Potenzen von $\frac{\lambda}{n}$) für $\cos \frac{\lambda}{n}$ Eins und für $\sin \frac{\lambda}{n}$ der Bogen (er heiße $\frac{l}{n}$) gesetzt werden kann. Dann erhält man

$$q = 1 : \left(1 + \frac{l}{n} \cdot \cotg \alpha\right).$$

Dieser Ausdruck ist wieder bis auf „unendlich kleine Größen höherer Ordnung" gleich $1 - \frac{l}{n} \cdot \cotg \alpha$. Nun wählen wir für α einen Winkel von 45^0 oder im Bogenmaß $\pi : 4$; dann wird $q = 1 - \frac{l}{n}$. Weil aber die Fahrstrahlen eine geometrische Reihe von $n+1$ Gliedern bilden, wird $r = r_0 \cdot \left(1 - \frac{l}{n}\right)^n$. Der Klammerausdruck nähert sich mit endlos wachsendem n bekanntlich dem Wert e^{-l}. Es ist also schließlich

$$\frac{r}{r_0} = e^{-l}.$$

Dies ist die Gleichung der logarithmischen Spirale.

Aufg. Konstruiere nach dem Gesagten die Zahl $1:e$, indem du für λ den Winkel wählst, dessen Bogen gleich dem Halbmesser

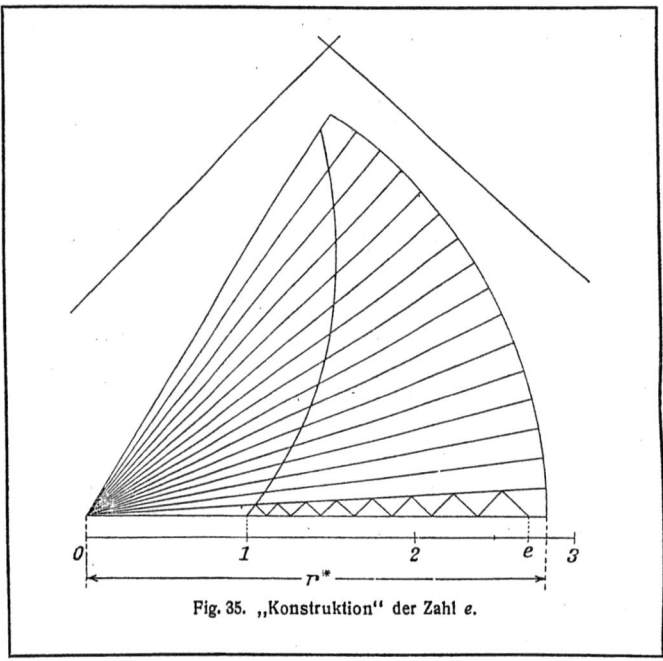

Fig. 35. „Konstruktion" der Zahl e.

ist. Nimm etwa 16 Teile.[1]) — Wie kann man die Zahl e unmittelbar finden? (Man wähle $\alpha = 135°$). Fig. 35.[2])

Da r und r_0 die stereographischen Bilder der Polabstände sind, kann man für das Verhältnis $r : r_0$ den Wert

$$\operatorname{tg} \frac{1}{2} p = \operatorname{tg}\left(\frac{\pi}{4} - \frac{1}{2}\varphi\right)$$

setzen; so folgt $\quad e^{-l} = \operatorname{tg}\left(\frac{\pi}{4} - \frac{1}{2}\varphi\right)$

---

1) Einfacher und genauer ist es, an die Schenkel des Winkels $\frac{l}{n}$ abwechselnd $\pm 45°$ anzutragen. — Handelt es sich um die genaue Zeichnung der log. Spirale, so berechnet man einzelne Fahrstrahlen und benutzt die Krümmung (16). Bekanntlich hat NEPER ursprünglich die Zahl $(1-0{,}0000001)^{10\,000\,000}$, also sehr nahe $1 : e$, seinen Logarithmen zugrunde gelegt.

2) Der Gedanke, die Zahl e mittels der logarithmischen Spirale zu „konstruieren", rührt von H. WIENER her.

22. Loxodrome — Vergrößerte Breiten

oder $-l = ln \, \text{tg}\left(\frac{\pi}{4} - \frac{1}{2}\varphi\right) = -ln \, \text{tg}\left(\frac{\pi}{4} + \frac{1}{2}\varphi\right)$

oder $$l = ln \, \text{tg}\left(\frac{\pi}{4} + \frac{1}{2}\varphi\right).$$

Ebenso wie in der Ebene ein Punkt, dessen Koordinaten eine Gleichung erfüllen, auf eine Linie gebannt ist, stellt unsere Gleichung zwischen den graphischen Koordinaten l und φ eine Linie dar, und zwar auf der Kugel, nämlich die Loxodrome unter $45°$.

Wir setzen wieder $l = \lambda° : \frac{180°}{\pi}$

und erhalten $\lambda° = \frac{180°}{\pi} \cdot ln \, \text{tg}\left(\frac{\pi}{4} + \frac{1}{2}\varphi\right).$

Um aus der Gleichung der Loxodrome das Bild des Bahnkreises für die Breite φ in Merkators Projektion zu finden, könnte man, wie (17) beschrieben, die gefundene Länge l bzw. $\lambda° = \frac{180°}{\pi} \cdot l$ in wahrer Größe auf dem Äquator abtragen, die Mittagslinie ziehen und sie mit der geradlinigen Loxodrome schneiden; zweckmäßigerweise wird man statt dessen das Stück unmittelbar als Höhe y nach oben und nach unten abtragen und die Bahnkreise durch die Teilpunkte legen.[1]) Der Wert für λ gibt also zugleich die „vergrößerte Breite" y, die zu φ gehört.[2])

Aufg. Leite die Formel für den **winkeltreuen Kegelentwurf** ab. Dieser ist von LAMBERT angegeben worden. (LAMBERT a. a. O. S. 25 ff.)

Anleitung zur Lösung. Wie bildet sich auf einem winkeltreuen Kegelentwurf die Loxodrome ab? Welcher Unterschied

---

[1]) Bei der Gleichsetzung des Äquator- und des Mittagsbogens vernachlässigt man die elliptische Gestalt des letzteren; vgl. Nr. 17 Fußnote.

[2]) Die erste elementare Ableitung gab HOLZMÜLLER (a. a. O.), indem er, ausgehend von dem stereographischen Bild der Loxodrome, ein quadratisches Netz zugrunde legte; dieses Verfahren stand aber in keinem Zusammenhang mit dem Gradnetz. Hätte er die Gleichung der Spirale aufgestellt, so wäre er zwangläufig aus der Fragestellung heraus auf die natürliche Exponentialfunktion in der schulmäßig üblichen Form gestoßen. Ich habe vorstehende Ableitung gelegentlich der Tagung des Förderungsvereins in Frankfurt a. M. im April 1927 vorgetragen (Unterrichtsblätter XXXIII, 1927, S. 131).

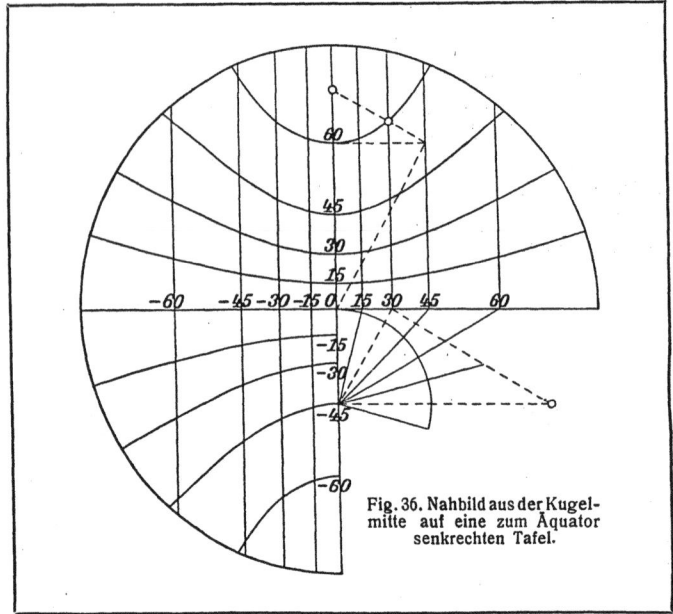

Fig. 36. Nahbild aus der Kugelmitte auf eine zum Äquator senkrechten Tafel.

gegenüber der stereographischen Projektion? Der Winkel, den die Kegelerzeugende mit der Erdachse macht (und der nicht mit der Breite übereinstimmen muß), heiße β; setze $\sin \beta = n$. Welchen Winkel bilden zwei Mittagslinien auf der Karte miteinander, die einem Längenunterschied von λ^0 entsprechen?

Lösung:
$$\frac{r}{r_0} = e^{-nl}; \; l = -\frac{1}{n} \cdot ln \frac{r}{r_0} = -ln\,\mathrm{tg}\left(45^0 - \frac{1}{2}\varphi\right),$$
also
$$r = r_0 \cdot \mathrm{tg}\left(45^0 - \frac{1}{2}\varphi\right)^n.$$

23. Nahbild aus der Kugelmitte. Konstruktion und Berechnung eines Beispiels, nämlich für die Breite 0^0. Fig. 36 zeigt eine **gnomonische Karte**, entworfen auf die im **Äquator berührende Ebene**. Ein Viertel des Blattes (rechts unten) dient zur Konstruktion und ist als Lotbild auf den Äquator aufzufassen, gewissermaßen ein Grundriß. In ihm erscheint die Kartenebene als Gerade, und dasselbe gilt für alle Mittagsebenen. Die Kartenebene wird von den Mittagsebenen in senkrechten Geraden geschnitten, deren Abstand von der Mittellinie für den Längenunterschied λ den Wert $x = R \cdot \mathrm{tg}\,\lambda$ hat. Man findet das Bild des Netzpunktes $\lambda \mid \varphi$, indem man im Grundriß die Mittagsebene bis zu ihrem Schnitt mit der Kartenebene durchführt und sie dann um ihre Grundrißspur umlegt, hierauf kann man an die Spur die Breite φ in wahrer Größe antragen und findet so die Höhe des Bildpunktes in der Karte; sie beträgt $y = \dfrac{R}{\cos \lambda} \cdot \mathrm{tg}\,\varphi$.

Vorstehend sind auf geometrischem Wege die Formeln für die Koordinaten der Netzpunkte abgeleitet; diese wird man jedoch meist ohne weitere Benutzung der Zeichnung ihren Koordinaten entsprechend eintragen; die Netzlinien ergeben sich (unter Benützung von Lineal und Kurvenlineal) durch Verbinden der Netzpunkte (vgl. Nr. 24).

Je zwei Bahnkreise von entgegengesetzt gleicher Breite liegen auf ein und demselben Sehstrahlenkegel. Diese Kegel werden von der Tafel in Hyperbeln geschnitten, deren reelle Achsen im Bilde der Mittellinie liegen. Die Asymptoten der Hyperbeln sind den Randerzeugenden parallel; sie schliessen daher mit dem Bild des Äquators Winkel ein, die der geographischen Breite gleich sind. Schneidet man die Asymptote mit der Scheiteltangente und errichtet im Schnittpunkt das Lot auf der Asymptote, so schneidet dieses aus der Achse der Hyperbel die Krümmungsmitte für den Scheitel aus.

Aufg. Leite die Gleichung der Hyperbel für die Breite φ ab, indem du die Größe λ aus den Gleichungen für x u. y eliminierst.

Die Karte zeigt auffällige Winkel- und Flächenverzerrungen; zudem kann sie nicht ganz bis zur Halbkugel ausgedehnt werden, da der begrenzende Großkreis bereits in die „unendlich ferne Gerade" ausartet.

24. Berechnung von Scheitelentwürfen. (Fig. 37, 38.) Unter dieser Bezeichnung fassen wir Entwürfe auf die Berührebene zusammen, die in der Umgebung der Kartenmitte dem Urbild deckgleich sind. In der Sprache der Kartographen zu reden, sind sie „azimutal" oder „strahlig", das soll heißen: Die durch die Mitte gehenden Großkreise werden durch Geraden abgebildet, die dieselben Winkel miteinander bilden, wie ihre Urkreise auf der Kugel.[1]) Außer-

---

[1]) Werden die Kreise abgewickelt, so entsteht ein „mittelabstandstreuer" Entwurf.

dem sind sie aber auch „zenital", das bedeutet, daß die um die Mitte beschriebenen Kreise als solche abgebildet werden. Man hat nämlich auch Entwürfe ersonnen, die diese beiden Eigenschaften nicht vereinigen.

Gegeben seien die geographischen Koordinaten $\lambda_0 \mid \varphi_0$ der **Kartenmitte** O und die Koordinaten $\lambda \mid \varphi$ des **Netzpunktes** P; gesucht wird der **Abstand** d beider Punkte sowie der **Kurswinkel** α, den der verbindende Großkreis mit der Mittagslinie der Kartenmitte O einschließt. Die Punkte O und P bestimmen zusammen mit dem Pol N das zur Lösung dienende „**Kursdreieck**". (Vgl. BALSER, a. a. O., S. 37; die Kartenmitte ist dort mit M bezeichnet.) Wie vereinfacht sich

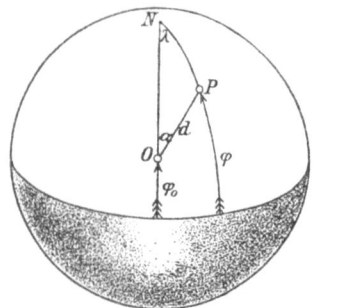
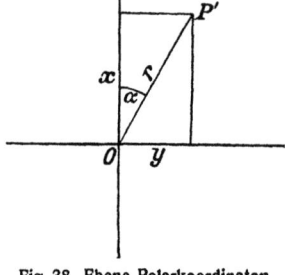

Fig. 37. Sphärische Polarkoordinaten.   Fig. 38. Ebene Polarkoordinaten.

die Rechnung für $\varphi_0 = 0°$? Man kann die Größen d und α als die **sphärischen Polarkoordinaten** des Netzpunktes P, bezüglich der Kartenmitte O als Koordinatenursprung, betrachten und aus ihnen die in der Ebene gültigen **ebenen Polarkoordinaten** r und α berechnen. Dabei überträgt sich der in der Berührebene gelegene Winkel α in wahrer Größe; wie man die sphärische Entfernung d durch eine ebene Entfernung r wiedergibt, hängt von der Wahl des Netzes ab.

Beispiele: Für das **Nahbild aus der Kugelmitte** ist $r = R \cdot \operatorname{tg} d$, für die **stereographische Projektion** ergibt sich $r = 2R \cdot \operatorname{tg} \tfrac{1}{2} d$, während für den flächentreuen **Sehnenentwurf** $r = 2R \cdot \sin \tfrac{1}{2} d$ zu nehmen ist.[1]) Wählt man $r = \operatorname{arc} d$, so er-

---

[1]) Um sich klar zu machen, daß Flächentreue erreicht wird, betrachte man die durch Horizontalkreise um O begrenzten Kugelhauben, die flächentreu abgebildet werden, mit ihnen die durch die

24. Berechnung der Koordinaten — 25. Modell des Gradnetzes 55

hält man einen „vermittelnden" Entwurf. — Theoretisch könnte man mittels der gefundenen Polarkoordinaten den Netzpunkt auf der Karte festlegen; praktisch wird man aber die rechtwinkligen Koordinaten $x = r \cdot \cos \alpha \,|\, y = r \cdot \sin \alpha$ berechnen und sie in die Karte eintragen, da das Abtragen von Winkeln mit dem Transporteur auf Genauigkeit keinen Anspruch machen kann. Die erhaltenen Netzpunkte werden schließlich unter Zuhilfenahme des Kurvenlineals miteinander verbunden.

Auch andere Entwürfe werden im allgemeinen durch Rechnung hergestellt.

25. Drahtmodell der nördlichen Halbkugel. (Fig. 39, 40.)

Die Maschenweite beträgt 30^0; auf die Herstellung des Modells wurde besondere Sorgfalt verwendet, weil es auch **Schattenbilder** liefern soll.[1]) Das Drahtgestell ist auf einem Brett derart befestigt[2]), daß es um einen waagerechten Durchmesser gedreht und in jeder Lage festgehalten werden kann. Ein durchscheinender **Schirm** von 1 qm Größe ist parallel zur Drehachse des Modells so zu stellen, daß er das Modell berührt. Die Beleuchtung wird durch ein punktförmiges 8-Volt-

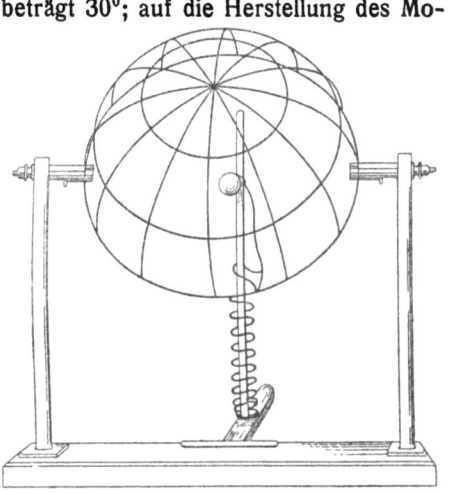

Fig. 39. Modell des Gradnetzes.

Großkreise um O („Azimutalkreise") entstehenden Maschen. Da jeder Teil der Erdoberfläche aus solchen Maschen sich zusammensetzen läßt, wird auch dieser flächentreu wiedergegeben, die Karte ist somit flächentreu.

1) H. WIENER, Abhandlungen zur Sammlung mathematischer Modelle, Bd. I, Heft 1, S. 5 ff., Leipzig 1907, B. G. Teubner.

2) Das oben beschriebene Modell benutze ich bereits seit zwanzig Jahren; die Anregung, es zu montieren, verdanke ich Herrn Oberstudiendirektor Dr. KAMMER. Vgl. meinen Vortrag über Kartennetze in math. Unterricht, Unterrichtsblätter, 33. Jahrg. 1927, S. 131.

Lämpchen bewirkt, das auf einer Schiene von außen nach innen bewegt wird.[1])

Wenn die Äquatorebene schief zum Schirm steht, erhält man als Bilder der Bahnkreise (Parallelkreise) zunächst **Ellipsen**, deren **große Achse** bei weit abstehender Lichtquelle (Lotbild) der Drehachse parallel, also **waagerecht** verläuft. Gelangt bei Annäherung die Lichtquelle senkrecht unter den höchsten Punkt des Äquators, so erscheint dieser als Parabel mit scheitelrechter Achse. Unmittelbar vorher hatten wir noch eine **Ellipse**, deren **große Achse** offenbar **lotrecht** lief. Die Ellipse geht in dem Augenblick aus der einen Form durch den **Kreis** in die andere über, in dem die Kugel von der Lichtquelle durchschritten, die Kugel somit **stereographisch** projiziert wird. Denn bei dieser Projektion erscheinen ja alle Kreise als solche. Man stellt also das Modell für stereographische Projektion ein, indem man auf das Erscheinen des Kreises als Bild der Bahnkreise achtet.

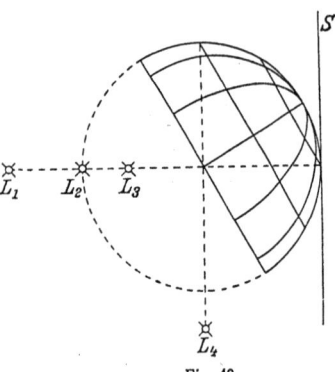

Fig. 40.
Modell des Gradnetzes: Skizze.

Dreht man in dieser Stellung der Lichtquelle das Modell um den waagerechten Durchmesser, so bleibt die Projektion stereographisch, in welcher Breite auch die Kugel berührt werde, den Pol als Berührpunkt nicht ausgeschlossen.[2])

Auch die **Winkeltreue** kann (am Pol) nachgeprüft werden. Denn während beim Eindringen des Lichts in das Innere der Kugel die Winkel, die an der geradlinig erscheinenden Mittagslinie liegen, kleiner sind als die anderen, kehrt

---

1) Die Lampe wird zunächst in die Höhe der Kugelmitte eingestellt; man dreht sie dann so lange, bis der mittlere Meridian auf dem parallel zur Drehachse gestellten Schirm geradlinig erscheint.

2) Je nachdem die Berührebene im Pol, in einem Punkt des Äquators oder in einem beliebigen anderen Punkt angelegt ist, unterscheiden die Geographen „Polar-, Äquatorial- und Azimutalprojektion".

sich dies beim Durchschreiten der Kugelfläche um (man vergleiche das Lotbild mit dem Nahbild der Kugel aus der Kugelmitte).

Endlich wird man auch das **Nahbild aus der Kugelmitte** (die sogenannte gnomonische Projektion) verwirklichen. Wird die Kugelmitte von der Lichtquelle in der Richtung auf den Schirm durchschritten, so erhält man als Bild des Äquators zunächst einen nach oben, dann einen nach unten offenen Hyperbelbogen; der Übergang geschieht durch die **Gerade**, das Merkmal der gnomonischen Projektion. Auch jetzt kann man das Bild auf **jede Berührebene** erzeugen.

Dabei erhält man der Reihe nach **alle Formen der Kegelschnitte**. Von der Parabel und Hyperbel ist allerdings nur die Umgebung des Scheitels zu sehen, die den Unterschied nur aus dem Übergang hervortreten läßt; will man größere Teile sichtbar machen, so stelle man die Lampe tief (Fig. 40).[1,2]

---

1) Das Verfahren, die Kugel aus einem geeignet gewählten Auge zu projizieren, das oben lediglich der Veranschaulichung diente, wurde früher in der Absicht angewandt, neue Netze zu finden. Jetzt hat man es glücklicherweise längst verlassen: Entwürfe, die vorgegebenen Bedingungen genügen, findet man durch Aufstellung einer Differentialgleichung. LAMBERT war es, der diesen Weg gewiesen hat. Vgl. Ostwalds Klassiker, Bd. 54.

2) Es ist beabsichtigt, das Modell herauszugeben; Auskunft erteilt die Firma B. G. Teubner, Leipzig.

STICHWORT-VERZEICHNIS

Die Zahlen geben die Nummern (nicht die Seiten) an.

Abplattung 6.
Abstand auf der Kugel 1
Abweitung 5.
Ähnlichkeit im Raum 1.
Äquatorialprojektion-Entwurf auf die Berührebene im Äquator 23, 24, 25.
äquivalent = flächentreu.
Affinität = Fernabbildung 2, 10, 11, 20, 25.
arc α 5, 11, 22.
ARCHIMEDES 9.
Auge 2, 14, 18, 23, 25.
Ausartung 9, 10, 11, 12, 21.
Azimut = Kurs = Seitenabweichung 5, 16, 17, 18, 22, 24.
Azimutalprojektion = Entwurf auf die Berührebene 10, 14, 15, 18, 23, 24, 25.

BABINET 20.
Bahnkreis = Parallelkreis 1, 3, 5, 17, 21.
Berechnung von Entwürfen 9, 11, 14, 17, 24.
Besteckrechnung 5.
Bogenmaß 5, 11, 20, 22, 24.
Breiten, vergrößerte 17, 22.

Deckgleichheit 3.
Distanz = Entfernung = Abstand 1, 5, 17, 20, 22 [22—24] 24.

e Grundzahl des natürlichen Logarithmus 22.
Ellipse 6, 10, 15, 20, 25,
Entfernung auf der Kugel 1.
ETZLAUB 17.

φ Geogr. Breite 3, 5, 6.
Fahrstrahl 5.
Fernbild = affines B. 2, 10, 11, 20, 25.
Flächentreue 1, 2, 7—11, 13, 20, 24.

Flächenverhältnis 1.
FLAMSTEED 11.

Gauß 5.
Generalstabskarte 19.
Geometrische Summe 5.
Gnomonische Projektion = Nahbild aus der Kugelmitte 2, 18, 23, 25.
Gradabteilungskarte 19.
Gradnetz 3, 25.
Großkreis 1, 2, 5, 17, 18, 23, 24, 25.

Himmelskugel 1.
HIPPARCH 14.
homalographisch 20.
Horizontalprojektion siehe Scheitelentwürfe.
Hyperbel 23, 25.

Indikatrix = Verzerrungsbild 11, 21.

Kartenprojektionen = Netze 2.
Kegelentwürfe 12, 13, 22.
Kegelschnitte 15, 23, 25.
konform = winkeltreu 2, 14—17, 22—25.
konisch = kegelförmig
konjugiert = gepaart 6, 21.
Koordinaten 11, 23, 24.
Kosinus 5.
Krümmung 16, 23.
Kugelhaube 8, 10, 20, 24.
Kugelzone 7, 9, 11—13.
Kugeldreieck 2, 24.
Kurs 5, 16, 17, 18, 22, 24.
Kursdreieck 24.

LAMBERT 10, 11, 22, 24, 25.
Logarithmische Spirale 14, 16, 22.
Logge 5.
Lotbild 2, 16, 18, 19, 25.
Loxodrome 14, 16, 17, 22.

Stichwortverzeichnis

Maßstab 1, 2, 21.
Meridian = Mittagslinie 1, 3, 6, 17.
Meridiankreis = Mittagskreis.
MERKATOR 2, 17, 22.
Meßtischblatt 19.
MOLLWEIDE 11, 20.

Nahbild = Perspektive 2, 14—16, 18, 22, 24, 25.
NEPER 22.
Netzlinien, Netzmaschen 3.
NONIUS 17.

Orthodrome = Großkreis.
orthogonale Proj. = orthographische Projektion = Lotbild 2, 18, 25.

p Polabstand.
Parallelkreis = Bahnkreis 1, 3.
Perspektive = Nahbild (s. dieses)
Plattkarte 4.
Polarkoordinaten 24.
Polarprojektion = Entwurf auf die Berührebene im Pol 10, 14—16, 18, 22, 25.
Polyederentwurf 19.
Projektion = Abbildung durch Sehstrahlen 2.

Quadratkarte 4.

r Abstand in der Ebene.
R Erdhalbmesser (Globus).
ϱ Halbmesser des Bahnkreises.
$\varrho^0 = 180^0 : \pi$ 5.
Rechteckskarte 4.

s Sehne der Kugelhaube, Kegelerzeugende.
SANSON 9, 11, 18.
Scheitelentwürfe 24.
Schrägbild 2.
Seekarte 17, 22.
Seemeile sm 5.

Sehnenentwurf 10, 24.
Sehstrahlen, Sehstrahlebenen 2, 14, 15, 18, 20, 25.
Seitenabweichung = Kurs.
Sektion 19.
Sinuslinie 11, 20.
Sinusoidaler Entwurf 11.
Skalar = Verhältniszahl (reell) 5.
Sphäroid 6.
Spiegelung 3.
Spur 20, 23.
Stereographische Projektion 14, 15, 22, 25.
Sternkarten 1, 12.

TISSOT 11, 21.
transcendent 21.
Trapezkarte 4.

unecht konisch, unecht zylindrisch 13.
unendlich klein 4, 11, 21.

Vektoren = Fahrstrahlen 5.
vereinfachte Kegelprojektion 12.
Verhältnisgleichung 1.
vermittelnder Entwurf 2,4,12,15,24.
Verzerrung 2, 9, 10, 11, 13, 15, 17, 21, 24, 25.
Verzerrungsbild = Indikatrix 11, 21.

wahrer Kegelentwurf 12.
windschiefer Entwurf 9.
Winkel auf der Kugel 1.
Winkeltreue 1, 2, 14—17, 21, 22, 24, 25.

Zenit = Scheitel.
Zenitalprojektion s. Scheitelentwurf 24.
Zentralprojektion = Nahbild
—, gnomonische 18, 23.
—, stereographische 14—16, 22, 25.
Zylinderentwürfe 4, 9, 11, 17, 22.

LITERATUR

Lambert, Anmerkungen und Zusätze zur Entwerfung von Land- und Himmelskarten. Leipzig 1894, Engelmann, in Ostwalds Klassikern der exakten Wissenschaften, Nr. 54.

Gretschel, Lehrbuch der Kartenproduktion. Weimar 1873, Voigt.

Tissot, Mémoire sur la représentation des surfaces et les projections des cartes géographiques. Paris 1881, Gautier-Villars.

E. Hammer, Die geographisch wichtigsten Kartenprojektionen, insbesondere die azimutalen. Stuttgart 1888, I. B. Metzler.

Ders., Die Netzentwürfe geographischer Karten nebst Aufgaben über Abbildung beliebiger Flächen aufeinander. Stuttgart 1897, I. B. Metzler.

Sydow-Wagner, Methodischer Schulatlas. 18. Aufl. Gotha 1926, Perthes.

Hermann Wagner, Lehrbuch der Geographie. 10. Aufl. 3 Bde. Hannover u. Leipzig 1920/1923, Hahn.

Zöppritz-Bludau, Leitfaden der Kartenentwurfslehre I. Die Projektionslehre. Leipzig-Berlin 1912, B. G. Teubner.

Groll-Graf, Kartenkunde I. Projektionen. Berlin u. Leipzig 1922, Walter de Gruyter & Co.

Otti, Hauptaufgaben und Hauptmethoden der Kartenentwurfslehre. Aarau 1911, Sauerländer & Co.

Eckert, Kartenwissenschaft. Berlin u. Leipzig, I. 1921, II. 1925. de Gruyter.

Möller, Nautik, in „Aus Natur- u. Geisteswelt", Bd. 255. 2. Aufl. Leipzig 1919, B. G. Teubner.

Holzmüller, Über einige Aufg. d. darst. Geom. u. d. math. Geogr. Zeitschr. f. d. naturw. Unterricht Bd. XIV, S. 403, 1883.

Scheffers-Kramer, Leitfaden der darst. u. räumlichen Geometrie. Leipzig, I. 3. Aufl. 1926, II. 1925. Quelle & Meyer.

Balser, Sphärische Trigonometrie, Kugelgeometrie in konstruktiver Behandlung, diese Bibl. Bd. 69, 1927.

Ders., Kartennetze im geometr. Unterricht, Vortrag, Unterrichtsblätter f. Math. u. Naturw. 33. Jahrg. 1927. S. 131.

Maschke, Die Kartenprojektionen im Schulunterricht. Programmabhandlung 1914, N 271. König-Wilhelms-Gymnasium, Breslau.

Anm. Die Bücher werden im Text meist nur mit den Verfassernamen angeführt.

Von demselben Verfasser erschien ferner:

Sphärische Trigonometrie
Kugelgeometrie in konstruktiver Behandlung

Mit 22 Fig. [52 S.] kl. 8. 1927. (Math.-Phys. Bibl. Bd. 69.) Kart. $\mathscr{RM}$ 1.20

Der Leser wird an dem einfachen aber wichtigen Beispiel der Kugel als Erd- oder Himmelskugel in die Methoden der darstellenden Geometrie eingeführt. Nachbargebiete sind planmäßig herangezogen (Affinität), alles Nötige aber ist in der Arbeit entwickelt. Der Übergang von einem sphärischen Koordinatensystem zum andern wird durch einen Seitenriß ermittelt, und er führt zu den Grundformeln der sphärischen Trigonometrie, die auf die wichtigsten praktischen Aufgaben angewandt werden. Den Schluß macht die Konstruktion der Polarecke mit Anwendungen.

Sphärische Trigonometrie zum Selbstunterricht. Von weil. Geh. Studienrat Prof. Dr. *P. Crantz*, Berlin. 2. Aufl. bearbeitet von Studienrat Dr. *M. Hauptmann*, Leipzig. Mit zahlr. Fig. i. T. kl. 8. 1928. (ANuG 605.) Geb. $\mathscr{RM}$ 2.—

Behandelt die besonderen Eigenschaften des sphärischen Dreiecks, und seine Anwendungen in der Erd- und Himmelskunde an zahlreichen, ausführlich erklärten Beispielen und Aufgaben.

Einführung in die darstellende Geometrie. Von Studienrat Prof. *P. B. Fischer*, Berlin. Mit 59 Fig. [91 S.] kl. 8. 1921. (ANuG 541.) Geb. $\mathscr{RM}$ 2.—

Der Verfasser behandelt die Grundlehren der darstellenden Geometrie an der Hand der wichtigsten Aufgaben, um so in erster Linie eine Anleitung für den Selbstunterricht zu bieten. Aus dem gleichen Grunde werden in der Einleitung Anweisungen für das praktische Zeichnen gegeben, wie auch die notwendige Raumanschauung dadurch gefördert wird, daß zunächst Projektionen auf nur einer Tafelebene in Betrachtung gezogen werden, wodurch das zweite Tafelverfahren dann um so leichter verständlich wird. Wenn die Darstellung sich auch auf das Wichtigste beschränkt, so reichen doch die 180 „Grundaufgaben" in alle Hauptgebiete der darstellenden Geometrie (Schatten, Durchdringungen, Axonometrie, Perspektive) hinein.

Einführung in die darstellende Geometrie. Von Studiendirektor Dr. *W. Kramer*, Altdöbern. (MPhB 66/67.) Kart. je $\mathscr{RM}$ 1.20.

1. Teil: Senkrechte Projektion auf eine Tafel. M. 71 Fig. [49 S.] kl. 8. 1926.
2. Teil: Grund- und Aufrißverfahren. Allgemeine Parallelprojektion, Perspektive. [In Vorb. 1928]

Verlag von B. G. Teubner in Leipzig und Berlin

Projektionslehre. Die rechtwinkl. Parallelprojektion und ihre Anwendung auf die Darstellung techn. Gebilde nebst einem Anhang über die schiefwinkl. Parallelprojektion in kurzer, leichtfaßlicher Behandlung für Selbstunterricht und Schulgebrauch. Von Oberschullehrer *A. Schudeisky*, Gleiwitz. 2. Aufl. Mit 165 Fig. [90 S.] kl. 8. 1923. (ANuG 564.) Geb. $\mathcal{RM}$ 2.—

„Vom Leichten zum Schweren übergehend, baut sich der gewiß nicht einfache Stoff leicht und sicher auf; durch eine Reihe von Aufgaben und eine Anleitung zu deren Lösung wird der Lerneifer wesentlich gefördert. Zudem erleichtert der klare Text das Studium außerordentlich." **(Der Profanbau.)**

Grundzüge der Perspektive nebst Anwendungen. Von Geh. Reg.-Rat Dr *K. Doehlemann*, weil. Prof. a. d. Techn. Hochschule in München. 3., durchges. Aufl. Mit 91 Fig. u. 11 Abb. [108 S.] kl. 8. 1928. (ANuG 510.) Geb. $\mathcal{RM}$ 2.—

Leitet unter Vermeidung aller schwierigen mathematischen Ableitungen die Grundlehren der räumlichen Darstellung ab, indem es die Zeichnung eines seinen Massen und seiner Lage nach bekannten Gegenstandes für einen ebenfalls genau festgelegten Standpunkt entstehen läßt und an Hand zahlreicher Anwendungsbeispiele auch die Gesetze der freien Perspektive ableitet.

Geometrisches Zeichnen. Von Oberschullehrer *A. Schudeisky*, Gleiwitz. Mit 172 Abb. im Text u. auf 12 Taf. [IV u. 99 S.] kl. 8. 1919. (ANuG 568.) Geb. $\mathcal{RM}$ 2.—

Der erste Abschnitt ist dem Zirkelzeichnen gewidmet und behandelt zunächst die grundlegenden geometrischen Zeichenaufgaben wie Teilung von Strecken und Winkeln, sodann Aufgaben über den Kreis und die aus Kreisbögen zusammengesetzten Linien und Verzierungen, schließlich die schwierigen Kegelschnittlinien von Ellipse, Parabel und Hyperbel. Der zweite Teil leitet zum Maßstabzeichnen an und erörtert die verschiedenen Methoden der Vergrößerung und Verkleinerung gegebener Flächen. Da der praktische Gesichtspunkt ständig in den Vordergrund der Darstellung gestellt wird, wendet sich das Bändchen an alle, die aus Neigung oder Beruf sich mit Zeichnen beschäftigen.

Darstellende Geometrie des Geländes und verwandte Anwendungen der Methode der kotierten Projektionen. Von Dr *R. Rothe*, Prof. a. d. Techn. Hochschule in Berlin. 2., verb. Aufl. Mit 107 Fig. i. T. [VI u. 92 S.] kl. 8. 1919. (Math.-Phys. Bibl. Bd. 35/36.) Kart. $\mathcal{RM}$ 2.40

„Die mit großem Geschick ausgewählten zahlreichen praktischen Beispiele beleben außerordentlich und gestatten mühelos das Eindringen in die sonst schwierig zu bewältigende Materie. Das in Satz, Druck und Ausstattung vortrefflich sich präsentierende Bändchen macht dem Verlage alle Ehre und kann nur wärmstens empfohlen werden." **(Österr. Zeitschrift f. Vermessungswesen.)**

Kartenkunde. Einführung in das Kartenverständnis. Von Finanzrat Dr *A. Egerer*, Vorstand der Topograph. Abteilung des Württemberg. Statistischen Landesamtes in Stuttgart. Mit 49 Abb. [146 S.] kl. 8. 1920. (ANuG 610.) Geb. $\mathcal{RM}$ 2.—

Zur Einführung in das Kartenverständnis behandelt das Bändchen die Verwertung der Ergebnisse der Landesvermessung zur Herstellung von Plänen und Karten, ferner den Kartengrundriß, die Darstellung der Bodenformen sowie den Gebrauch der Karte und gibt zum Schluß eine ausführliche Beschreibung aller deutschen topographischen und Spezialkarten.

Karte und Kroki. Erläuterte Herstellung und Lesen von Karten aller Art mit besond. Berücksichtig. einfacher Methoden. Von Stud.-Rat Dr. *H. Wolff*, Berlin. Mit 47 Fig. i. T. [IV u. 58 S.] kl. 8. 1917. (MPhB 27.) Geb. $\mathcal{RM}$ 1.20

Im ersten Teil wird ein Überblick über alle Arbeiten gegeben, die zur Herstellung unserer Generalstabskarten nötig sind, d. h. insbesondere über die trigonometrischen, topographischen und kartographischen Arbeiten. Der 2. Teil beschäftigt sich mit der Anfertigung von Skizzen und Krokis.

Verlag von B. G. Teubner in Leipzig und Berlin

eographisches Wanderbuch. Ein Führer für Wandervögel und Pfadfinder. Von Studienrat Dr. *A. Berg*, Sondershausen 2. Aufl. Mit 212 Abb. i. T. [IV u. 300 S.] 8. 1918. (TNB 23.) Geb. $\mathcal{RM}$ 5.80

„Geographisches Arbeiten im Gelände in seiner ganzen Vielseitigkeit: Messen und Beobachten, Zeichnen und Photographieren, Kartenlesen und Krokieren, Entwerfen von Reliefs und Panoramen, Orientieren und Signalisieren, das Studium von Wind und Wetter, Bach und Fluß, des Pflanzen- und Tierlebens, endlich des Menschen und seiner Werke — das alles behandelt das Buch." **(Geographische Zeitschrift.)**

andmessung. Von Geh. Finanzrat *F. Suckow*, Berlin. Mit 69 Zeichnungen i. T. [116 S.] kl. 8. 1919. (ANuG 608.) Geb. $\mathcal{RM}$ 2.—

Nach einem Überblick über die landmesserischen Arbeitsmethoden im allgemeinen werden Horizontalaufnahme und Nivellement mit besonderer Berücksichtigung der dazu benötigten Geräte behandelt, ohne daß besondere mathematische Vorkenntnisse vorausgesetzt werden.

autik. Von Dir. Dr. *J. Möller*, Elsfleth. 2. Aufl. Mit 64 Fig. i. T. u. 1 Seekarte. [116 S.] kl. 8. 1919. (ANuG 255.) Geb. $\mathcal{RM}$ 2.—

athematische Himmelskunde. Von Prof. Dr. *O. Knopf*, Direktor der Univ.-Sternwarte in Jena. Mit 30 Fig. i. T. [48 S.] kl. 8. 1925. (MPhB 63.) Kart. $\mathcal{RM}$ 1.20

stronomie in ihrer Bedeutung für das praktische Leben. Von Dr. *A. Marcuse*, Prof. an der Univ. Berlin. 2. Aufl. Mit 26 Abb. i. T. [109 S.] kl. 8. 1919. (ANuG 378.) Geb. $\mathcal{RM}$ 2.—

immelsbeobachtung mit bloßem Auge. Für reifere Schüler, Studierende u. Naturfreunde. Von Studienrat *F. Rusch*, Dillenburg. 2. Aufl. Mit 30 Abb. im Text und 1 Sternkarte als Doppeltafel. [IV u. 164 S.] 8. 1921. (TNB 5.) Geb. $\mathcal{RM}$ 3.20

eobachtung des Himmels mit einfachen Instrumenten. Von Studienrat *F. Rusch*, Dillenburg. 2. Aufl. Mit 6 Abb. [II u. 51 S.] kl. 8. 1919. (MPhB 14.) Kart. $\mathcal{RM}$ 1.20

immelsglobus aus Modelliernetzen. Die Sterne durchzustechen und von innen heraus zu betrachten. Von Hofrat Dr. *A. Höfler*, weil. Prof. an der Universität Wien. 2. Aufl. [1913.] 1928. In Mappe $\mathcal{RM}$ 3.—

raktische Mathematik. Von Dr. *R. Neuendorff*, Prof. a. d. Univ. Kiel. (ANuG 341 u. 526.) Geb. je $\mathcal{RM}$ 2.—

I. Teil: Graphisches und numerisches Rechnen, kaufmännisches Rechnen im täglichen Leben. Wahrscheinlichkeitsrechnung. 3. Aufl. Mit 29 Fig. im Text u. auf 1 Taf. [IV u. 106 S.] kl. 8. 1923.

II. Teil: Geometrisches Zeichnen. Projektionslehre. Flächenmessung. Körpermessung. Mit 133 Fig. [IV u. 104 S.] kl. 8. 1918.

---

erlag von B. G. Teubner in Leipzig und Berlin

Mathematisch-Physikalische Bibliothek

Fortsetzung von 2. Umschlagseite

Einführung in die darstellende Geometrie. Von W. Kramer. I. Teil. Senkr. Projektion auf eine Tafel. (Bd. 66.) II. Teil. Grund- und Aufrißverfahren. Allgemeine Parallelprojektion. Perspektive. [In Vorb. 1928.] (Bd. 67)
Darstellende Geometrie des Geländes und verwandte Anwendungen der Methode der kotierten Projektionen. Von R. Rothe. 2., verb. Aufl. (Bd. 35/36)
Einführung in die Kartenlehre (Kartennetze). Von L. Balser. (Bd. 81)
Karte und Kroki. Von H. Wolff. (Bd. 27)
Konstruktionen in begrenzter Ebene. Von P. Zühlke. (Bd. 11)
Einführung in die projektive Geometrie. Von M. Zacharias. 2. Aufl. (Bd. 6)
Funktionen, Schaubilder, Funktionstafeln. Von A. Witting. (Bd. 48)
Einführung in die Nomographie. Von P. Luckey. 2. Aufl. (Bd. 28)
Nomographie. Praktische Anleitung zum Entwerfen graphischer Rechentafeln mit durchgeführten Beispielen aus Wissenschaft und Technik. Von P. Luckey. 2., neubearb. u. erweit. Aufl. der „Einführung in die Nomographie", 2. Teil. (Bd. 59/60)
Theorie und Praxis des logarithmischen Rechenstabes. Von A. Rohrberg. 3. Aufl. (Bd. 23)
Mathematische Instrumente. Von W. Zabel. I. Hilfsmittel und Instrumente zum Rechnen. II. Hilfsmittel und Instrumente zum Zeichnen. [In Vorb. 1928.] (Bd. 76/77)
Die Anfertigung mathematischer Modelle. (Für Schüler mittlerer Klassen.) Von K. Giebel. 2. Aufl. (Bd. 16)
Mathematik und Logik. Von H. Behmann. (Bd. 71)
Mathematik und Biologie. Von M. Schips. (Bd. 42)
Mathematik und Sport. Von E. Lampe. [In Vorb. 1928.] (Bd. 74)
Die mathematischen und physikalischen Grundlagen der Musik. Von J. Peters. (Bd. 55)
Mathematik und Malerei. 2 Bände in 1 Band. Von G. Wolff. 2. Aufl. (Bd. 20/21)
Elementarmathematik und Technik. Eine Sammlung elementarmathematischer Aufgaben mit Beziehungen zur Technik. Von R. Rothe. (Bd. 54)
Finanz-Mathematik. (Zinseszinsen-, Anleihe- und Kursrechnung.) Von K. Herold. (Bd. 56)
Die mathematischen Grundlagen der Lebensversicherung. Von H. Schütze. (Bd. 46)
Riesen und Zwerge im Zahlenreiche. Von W. Lietzmann. 2. Aufl. (Bd. 25)
Geheimnisse der Rechenkünstler. Von Ph. Maennchen. 3. Aufl. (Bd. 13)
Wo steckt der Fehler? Von W. Lietzmann und V. Trier. 3. Aufl. (Bd. 52)
Trugschlüsse. Gesammelt von W. Lietzmann. 3. Aufl. (Bd. 53)
Die Quadratur des Kreises. Von E. Beutel. 2. Aufl. (Bd. 12)
Das Delische Problem (Die Verdoppelung des Würfels). Von A. Herrmann. (Bd. 68)
Mathematiker-Anekdoten. Von W. Ahrens. 2. Aufl. (Bd. 18)
Die Fallgesetze. Von H. E. Timerding. 2. Aufl. (Bd. 5)
Kreisel. Von M. Winkelmann. [In Vorb. 1928.] (Bd. 80)
Atom- und Quantentheorie. Von P. Kirchberger. I. Atomtheorie. II. Quantentheorie. (Bd. 44 u. 45)
Ionentheorie. Von P. Bräuer. (Bd. 38)
Das Relativitätsprinzip. Leichtfaßlich entwickelt von A. Angersbach. (Bd. 39)
Drahtlose Telegraphie und Telephonie in ihren physikalischen Grundlagen. Von W. Ilberg. (Bd. 62)
Optik. Von E. Günther. [In Vorb. 1928.] (Bd. 78)
Die Grundlagen unserer Zeitrechnung. Von A. Barneck. (Bd. 29)
Mathematische Himmelskunde. Von O. Knopf. (Bd. 63)
Mathem. Streifzüge durch die Geschichte der Astronomie. Von P. Kirchberger. (Bd. 40)
Theorie der Planetenbewegung. Von P. Meth. 2., umgearb. Aufl. (Bd. 8)
Beobachtung des Himmels mit einfachen Instrumenten. Von Fr. Rusch. 2. Aufl. (Bd. 14)
Grundzüge der Meteorologie. Von W. König. (Bd. 70)

Verlag von B. G. Teubner in Leipzig und Berlin

MIX
Papier aus verantwortungsvollen Quellen
Paper from responsible sources
FSC® C105338

If you have any concerns about our products,
you can contact us on
ProductSafety@springernature.com

In case Publisher is established outside the EU,
the EU authorized representative is:
**Springer Nature Customer Service Center GmbH
Europaplatz 3, 69115 Heidelberg, Germany**

Printed by Libri Plureos GmbH
in Hamburg, Germany